万川
reflections

一
步
万
里
阔

花の都の二千年

京都
両千
年

KYOTO

[日] 胁田 修
胁田晴子

著 陈晖 译

物語
京都の歴史

中国工人出版社

图书在版编目（CIP）数据

京都两千年 / (日) 胁田修, (日) 胁田晴子著; 陈晖译.
-- 北京: 中国工人出版社, 2020.12
ISBN 978-7-5008-7571-0

Ⅰ.①京… Ⅱ.①胁… ②胁… ③陈… Ⅲ.①古建筑—建筑艺术—京都
Ⅳ.①TU-093.13

中国版本图书馆CIP数据核字(2020)第248265号

著作权合同登记号：图字 01-2021-2944

MONOGATARI KYOTO NO REKISHI
BY Osamu WAKITA and Haruko WAKITA
Copyright © 2008 Osamu WAKITA and Haruko WAKITA
Original Japanese edition published by CHUOKORON—SHINSHA，INC.
All rights reserved.
Chinese (in Simplified character only) translation copyright © 2021 by China
Worker Publishing House
Chinese (in Simplified character only) translation rights arranged with
CHUOKORON——SHINSHA, INC. through BARDON CHINESE
CREATIVE AGENCY LIMITED , HONG KONG.

京都两千年

出 版 人	王娇萍	
责 任 编 辑	董佳琳	
责 任 印 制	栾征宇	
出 版 发 行	中国工人出版社	
地　　　址	北京市东城区鼓楼外大街45号　邮编：100120	
网　　　址	http://www.wp-china.com	
电　　　话	（010）62005043（总编室）　　（010）62005039（印制管理中心）	
	（010）62004005（万川文化项目组）	
发 行 热 线	（010）62005996　82029051	
经　　　销	各地书店	
印　　　刷	北京盛通印刷股份有限公司	
开　　　本	880毫米×1230毫米　1/32	
印　　　张	9	
字　　　数	260千字	
版　　　次	2021年7月第1版　2021年7月第1次印刷	
定　　　价	78.00元	

本书如有破损、缺页、装订错误，请与本社印制管理中心联系更换

目　录

第一章

京都的变迁

原始·古代的状态

上古京都盆地是一片湖沼，也就是说彼时京都还在湖底。到1941 年（昭和十六年）止，考古人员花费八年时间排干湖沼水后发现了巨椋池遗迹。古大阪湾的海水曾经由淀川进入这个盆地，之后，其周围因陆地隆起而形成群山，山上流下来的河水夹带泥沙，形成了今日的冲积平原。

大约两万年前，日本列岛尚未与大陆分离，此地就已有人类居住。京都旧石器时代的遗迹——向日丘陵、大枝、大原野、上贺茂、山科等，全都是临水且适合眺望与狩猎的地方。

现在能够确认的是，在距今一万两千年日本列岛与大陆分离后，京都也存在过绳纹文化[1]人群。考古发现中，有草创时期①附柄的尖锐石器和早期②的凸凹型纹土器③，有北白川发现的坑屋④，有追分町发现的圆形石头群和埋瓮⑤。这一带是白川河冲积而成的扇形地带，适合狩猎与捕捞，也具备形成大型村落的条件。

公元前数世纪，弥生文化[2]在适于水稻种植的巨椋池周围的低

---

① 日语中草创时期的定义本为万事万物诞生初始之时，但此处指日本石器时代后期（即上文提到的绳纹文化开始的一段时期）。本书若无特殊标注，脚注均为编者注，章后注均为译者注。

② 约为公元前一万两千年至前七千年。

③ 原文为押型文土器。

④ 原文为竖穴住居，意味挖地成坑并加以覆盖的原始住所。

⑤ 原文为埋甕，一种深钵型土器。

湿地扎根。人们在京都西南部的桂川流域低地集中发现了弥生前期的遗址。深草遗址发掘出弥生中期的大量木器和木器加工所需的石器、铁制工具，还有壶、瓮等陶器，体现出典型的以水稻种植为生的农耕村落表征。考古还大范围发现了起源于朝鲜半岛的水井，加工原产于纪伊和阿波地区的石材等遗迹。陶器生产方面，京都受到近江[3]、东海地区[4]以及大阪地区的影响，成为上述各地区文化交汇之处。

自3世纪后半期到4世纪前中期，京都盆地开始营建古坟，以京都西南部桂川右岸的乙训地区为始。不仅有大和系盛行的前方后圆形古坟，还有东海、近江流行的前方后方形古坟。京都的古坟风格正是同时受到双方影响。到5世纪前中期，京都东山丘陵西部的八坂、深草、桃山附近开始营建古坟。5世纪后期到6世纪，上述地区的古坟规模缩小，而嵯峨野、太秦等地则发现了巨大的古坟，这些古坟通常被视为远航东渡而来的秦人墓群。

5世纪后期到7世纪前半期，以近畿地方[5]为中心，出现了群集坟与大型古坟并存的现象，即不仅统治阶级有坟墓，其他阶层的人同样拥有坟墓。在京都也可以观察到这一现象，大型古墓坐落的同一地区也存在着平民墓穴——共同体成员的群集墓和酋长墓，可以解释为他们相互依存的关系。

文明的兴起与发展

营造平安京

京都夏热冬冷，而古日本却偏偏选择了在此处建都，大抵是考虑到当时是否会发生风灾、水灾、台风、地震等自然灾害，以及是否易于防御外敌。

都城的选择要与天之四灵相对应，这是因高松冢古坟而流传颇广的学说。所谓四灵即四象，乃天部四方的二十八星宿，各自守护其方位。东为青龙、西为白虎、南为朱雀、北为玄武（龟蛇缠绕共生的灵物）；与此相应的地形，东为流水、西为大道、南为污地（低洼的湿地）、北为丘陵，平安京就属于四灵之地。放弃建都长冈京的理由虽已不可考，但长冈京显然并非与天之四灵相应之地。

一般认为平安京是模仿长安建造的，可是平安京东西距离为 4.7公里、南北距离为 5.7 公里，总面积为 26.79 平方公里，规模大概是长安的三分之一。如卷首地图所示，长冈京的面积与平安京相同。

793 年（延历十二年），兴建新都平安京，从土地的整饬起，连河道流向也做出了修整。京都曾经有多条河流，现在或成为暗渠，或被填埋。旧贺茂川作运河，称为堀川。旧贺茂川和旧高野川过去流经四条，在五条交汇，后经大规模工程改造成为现在的模样（在更北方的出町柳合流）。这项水利工程的启动时间至少是建都期间甚至建都前。缘此，贺茂川向西南发生偏向，在镰仓时代引发了大洪水。

794年（延历十三年）7月，东、西两市转移至平安京七条，使得长冈京失去了其城市功能，平安京则具备了作为都城的所有要件。795年（延历十四年）正月，虽然太极殿尚未完成，但是宫中已经奏起了踏歌，群臣应和唱道，"新京乐　平安乐土　万年春 [1]"，以祝贺新都落成。虽然负责建造新都宫殿的官吏十年后被废黜，但新都已切实地步入轨道。

如卷首地图所示，以南北走向的朱雀大道为界，两分市街，大道东侧为左京，西侧为右京，因天子坐北朝南，左右京便以天皇的视角分左右。平安京的中心地区是大内里，周边是官衙町，由各地方前来京城服务的人居住。平安京的街道如棋盘般纵横相交，从一条到九条用条坊制分区，有规则地划出方形的坊里，七条左右设有东、西两市。朱雀大道最南端设有罗城门，其左右矗立着东寺和西寺。

放牧牛马和埋葬居民仅限葛野郡一处和纪伊郡一处，城内禁止殡葬，其后这些土地也不能作为耕地使用。整个都城结构规划得充满威严、布局工整。

以左京为中心的平安末期到镰仓时代

经过一个世纪的发展，平安京也发生了很大变化，以左京为中心发展起来。左京分上下两个区域，分别叫作"上边"和"下边"。"上边"指的是从大内向东，二条路以北，那里显贵的住宅鳞次栉

① 原文为，新京楽　平安楽土　万年春。

比；"下边"是二条路以南，与英语中的 Down Town 含义相同，即商业地区，也是平民居住区。这里曾建立起的六条河源院（现枳穀邸，今"涉成园公园"）曾是源融的宅邸，据说他在别墅里模仿陆奥地方的制盐方法，从难波引海水烧盐，可没过多久宅邸便成为废墟，因此才有《源氏物语》中六条河源院出现怨鬼的情节。《今昔物语》里也把这里描写成幽灵出没的地方。

町小路（现新町路）是平安京中南北走向的小路，也是从事大内建筑的工人、手艺人、修理匠人通往其所属的"修理职町"（官署）方向的路。不久，三条、四条与町小路相交的地带诞生了最初的町场（人家、商家集中的繁华街区）。看来，无论往昔或今日，建筑业繁荣都会带来城市的发展。藤原兼家①的众妻之一——《蜻蛉日记》的作者②在书中怒称丈夫的情人为"町小路出身"的，恰好首次证明"町"一词可以特指繁华商业区，留下了"町"的语意发展纪录。在此之前，"町"表示行政区域（官衙町）那种四四方方的房屋用地⁶，而《蜻蛉日记》一书中的"町小路"指的则是当时的新街区（新町）。自那以后，新町和室町⁷专指繁华的下京商业区。特别是町小路与三条、四条、七条相交的一带被称为三条町、四条町和七条町，这一带也逐渐成为最热闹的街道。

那时，大内里③日趋荒凉，被称为"虎狼出没之处"。政治活动中心转移到临时设置的皇居——摄政、关白等外戚的住宅或者执政者居所（里内裏）。平安后期的院政均设在院政主宅邸，贺茂川以东

① 平安时代的公卿。
② 又名《蜉蝣日记》，作者为右大将道纲母。
③ 天皇居所为内里，大内里是以其为中心设置的朝堂院和诸官厅之处。

的白河以及京都南部的鸟羽成为政权中心，附近的贵族宅邸与权贵家族建起的寺院栉比。到平家政权时，六波罗成为政权中心。源平大战后，平家的领地遭到没收。但此后的镰仓幕府也将幕府政权的京都办事处设在六波罗南北殿，带动了河东地区发展。河东的"下边"以六条、七条为中心，所以京内之地也属"下边"最为繁华。

京都中部当然也有不少豪邸，镰仓幕府为保障洛中（京都中部）治安，设立了叫作篝屋守护人的武士岗哨，常驻御家人[8]。南北朝时期，《拾芥抄》一书中绘制的附图显示了平安后期及镰仓时期京都的样貌。

南北朝及室町时代，作为城市前身出现的町与町组

南北朝及室町时代的京都因足利幕府将京都设为政权所在地，自然而然地取得了日本政治经济的中心地位。诸多守护大名[①]住在京都，盔甲、刀剑、纺织品等手工业的技术远胜于其他地区。

此时，各町已明确形成自治，依靠"町人"自治完成町内运营。在町内，主管人称为"月行事"，设有按月轮换制度；在町外，"月行事"即所谓的"町人"。至今我们还可以看到星云状的上京、下京自治町集合，这就是后来的町组（町的联合体）成立的前史。

南北朝时期，下京的祇园御灵会仅有神舆巡行一项内容，祭神用的矛[②]和戈山装饰由各个町赞助。关于矛和戈山记录文献在应仁之乱以前就存在，其中便体现了提供戈山、矛的町共同体确实存在。

---

① 幕府封职的地方武士集团首领。
② 原文为鉾，即战斗用的一种兵器，今同矛。

1419 年（应永二十六年），北野麹[a]座企图垄断酒曲专卖权，由此与其他各町的酒屋（酿酒商）产生纠纷。幕府的侍所[②]破坏了洛中酒屋的酒曲室后，町内主管从中调停，他所持的名义就是"町人"。这一事件能够作为町共同体存在的切实证据。卷首地图中另有体现当时的大商人居住地，如堀川木材商和山崎油座商，至于他们是否成立了共同体则尚不明确。

室町幕府的将军宅邸叫作"花御所"，建在上京土御门大内远北处。从面积上看，天皇大内约占一町，花御所则约占二町，相当于大内的两倍，可见将军权势之大。原本居住在花御所周围的朝廷大臣被赶走，建筑大多改头换面为幕府重臣的宅第。

不过上京保留了相当多酒屋、土仓（即钱庄、当铺等金融机构）以及经营纺织品的大商人的店铺。平安时代以来，服务于朝廷的大舍人（在宫内服务的官吏）织工还住在原地，而这些从事纺织的业者就是后来西阵纺织业的鼻祖。前文所述的町人自治运营并不包括这些大舍人织工座町，他们游离于其外。

此处因神社、庙宇的存在而形成的门前町也很多，如祇园境内、东寺境内、清水寺境内、北野天满宫境内，还有西京七保、贺茂六乡等。在这些地方，神社、庙宇具有警察裁判权。虽说有居民组织存在，但其权利是受限的。

作为共同体存在的町像浮岛一样广泛散布在京都的市内与郊外，分割町与町的则是农田和原野。

---

① 原文为麹。

② 镰仓幕府设立的军事及警察机关，其职务平时为统率召集家臣（御家人）及处分罪犯；战时则统领军务及奉行军令。

1537 年（天文六年），上京五町组和下京五町组出现。虽然可以认定町组在 1537 年前就已诞生，但缺少确切史料作证。1533 年（天文二年），下京六十六町的月行事向祇园神社递交申请，表示"即使无法参加神灵祭祀活动，也想供奉戈山、矛等物"。下京六十六町的都市共同体共建成五个町组，在花御所周边形成的上京也同样结成了五个町组，合称为上下京五町组，行使自治权。町组外筑起名为"构"① 的土围子，形成自卫空间。战国末期，构所围起的位置称作禁苑门前町。这是因为以禁苑为核心的六个町服务于禁苑，作为报偿，他们享受特权，他们建立的构由此合法化。

同时，位于京都内城和郊外（即洛中、洛外⁹）的北野神社、祇园社、上下贺茂社、清水寺等有势力的寺院、神社都设有门前町。门前町的町人比起上下京的町人权利要少得多，大部分事务归神寺管理。

京都内城或郊外各处有町集合体的分布，它们像漂浮在水上的岛，这就是我们把当时京都称为浮岛结构城市性质群体的集合体的原因。

如前所述，平安京是模仿长安以大内为核心建设而成的。相对而言，呈浮岛结构的京都的特殊点是上京与下京各自独立——上京以足利幕府的花御所为中心，下京以六角堂和祇园神社为中心。六角堂是町人的集合场所，祇园神社是町人祭拜神的地方。

试看同时代世界中的其他城市，中世纪具有类似结构的城市是伦敦。19 世纪末，伦敦以城区和威斯敏斯特教堂为首，以宫殿和宗

---

① 原文为構え。

教场所各为核心周围形成了 28 个街区，伦敦可以说是这些街区集合而成的城市。京都也不像平安京那样由政策规划来经营都城，而是自然而然地形成町场，采取和伦敦相似的发展形态。而巴黎以王宫为中心，街道呈蜗卷形围绕王宫不断扩大，是另一种类型的城市形态。

日本也有和巴黎一样的城市形态——以丰田秀吉大阪城为核心的大阪、以德川家康江户城为核心的江户和以各个诸侯城为核心的城下町。那个时代距离现在并不久远。战国时期，上京与下京之间的空地被新形成的町所填满。丰臣秀吉建造的御土居（城墙）将上京和下京包括在内，与郊区分隔。他建立了以聚乐第为核心的大京都，预示前近代即将来临。

面貌一转的织田信长·丰臣秀吉时代

织田信长·丰臣秀吉时代，京都的面貌大幅转变，之前相对分离的上京和下京两地区也因经济繁荣结为一体。此景在工艺品"洛中洛外图屏风"上有所描绘。1568 年（永禄十一年），织田信长入主京都。他熟知京都地区复杂的利害关系，承认幕府及神寺既得的领地与利益，也不撤销利益集团在其领地所设的关所，使得禁苑领地七关口存续。当然，若他们试图引起问题，织田信长也能毫不留情地做出火烧比睿山延历寺之类的事。织田信长与将军义昭关系恶化之际，他同样烧毁了位于上京的义昭的属地。

继信长之后，接管京都的丰臣秀吉在为促进都市圈繁荣实施了免除租金等政策的同时，对京都进行大范围的城市改造。如卷首地图所示，丰臣秀吉将街区改造成长条形（所谓"天正地割"）。虽然缺少统计资料，但通常推测这一时期的京都（及周边地区）的人口数量已达 100 万左右。京都地处盆地，净水可以从井里汲引，下水道则需要进行城市规划，靠京都北高南低的地形，城内房屋后利用京都北高南低的地形来铺设下水道，排放生活用水，这种排水沟叫作"太阁背割下水"。整个京都被御土居围住，北边设"寺之内"、东边设"寺町"，各町以御土居为防卫线，同时废除了禁苑七关口，自由通行。现如今，关口只作为地名留存，如鞍马口、丹波口等。另外，丰臣秀吉在城里建造了其作为关白的宅第"聚乐第"，相当于城内据点。这所建筑在他过继的养子秀次垮台时遭到破坏，如今同样徒留虚名。

丰臣秀吉成为太阁 ① 之后，建起作为其根据地的伏见城，该城坐镇京都东南，临界木津川，顺流而下即是大阪淀川。在这里可以遥控大阪的动向。关原合战时，德川家的将军鸟井元忠驻扎并死守伏见城，使此地广为人知。伏见城的街道依旧循过去大名宅第命名，如福岛、筒井、长冈（细川）、毛利、井伊等。又及，桃山则是近代这里有桃树林生长后出现的地名。

受迁都影响的江户时代

德川时期，京都重新修建了二条城，但意义并不大，因为江户幕府在东京，政治中心已然东移，随迁都而来的影响是京都及其周边人口的减少。由于关东地区尚未开发完善，急速增加的消费需求必须由西边近畿地区的商品来满足。所以，坐拥西阵的纤维纺织

---

① 原文为太閤，指幕府时期，摄政关白让渡职位后的专有名称。

业、制药业和其他手工业的京都依然是日本经济中心；角仓了以[①]开凿了龟岗到嵯峨的保津川峡、二条到伏见的高濑川，使之能够通船。伏见是京都南部的中心，沿宇治川向下游的淀川方位去，大阪八轩家可装三十石的商船便依靠这条水路往来。还有些商家因在内陆发展的地理条件受限，转移到大阪发展，如金属产业的泉屋、住友，依靠较高的技术水平寻找生路。

当然，京都在文化方面始终领先，茶道、能乐、狂言等艺术形成了家元制度[②]并固定下来。以出云阿国为始祖的歌舞伎这一表演形式，在德川家康出任将军后，于繁华热闹的四条河原重获新生。宫廷文化还留存着桂离宫、修学院离宫；上层町人中亦有本阿弥光悦、尾形乾山等大家创造了辉煌的阶级文化。虽然这一时期京都人口数量较丰臣秀吉时代减少，但宽永年间（1624—1644 年），京都依然是人口数量超过 41 万人的大城市。

宽文年间（17 世纪 60 年代），随着时代变迁，西回航路的开通使日本海沿岸各地出产的物资可以直接送往可以统筹全日本金钱与物资的大阪，大阪随之成为日本经济中心，京都逐渐衰退。经济方面，一些靠大名金融起家的富商，有的尚能保住地位，也有五十几家富商因遭遇大名欠账不还而没落。诚如文学家西鹤所评论的——京都"要勤俭持家了"。文化方面，艺能虽然有依仗宫廷文化、家元制度支撑的传统艺能，但没有新的发展；儒学方面虽然有伊藤仁斋、伊藤东涯的堀川学派支撑，但也难逃整体衰败的命运。

---

① 角仓了以（1554–1614），安土桃山时代的京都豪商。
② 家元制度是指依据是否传承某一技术或流派，从而形成本家与分家。

踏入近现代的幕末到明治时代

从幕末到明治，京都以朝廷为核心开展尊王攘夷与讨幕运动，对抗幕府势力，京都成了政治斗争的中心，这些历史遗迹至今在京都市内依旧随处可见。幕府倒台后，皇室东迁，京都作为旧都受到相当大的冲击。1889 年（明治二十二年）四月，在京都府的管辖下，京都施行了特殊的京都市制；1898 年（明治三十一年）10 月，第一代民选市长内规甚三郎就任并开设市政府。不久，京都市的范围扩张。东越东山至山科；西至爱宕山麓；北至花背和久多；南自伏见至桂川河畔，形成大京都市。

京都的传统产业强盛。明治初期，槙村正直、北桓国道采取了各种措施。经济方面，实行殖产兴业政策，如西阵纺织机械和瓷器清水烧等厂家引入西欧技术，琵琶湖附近开凿运河 [10] 用于发电，实现近代产业升级。政治方面，京都也发生过民权运动、米骚动 [11]、水平社运动 [12]，此外，京都产生了革新系统的议员山本宣治，战后也出现了以知事蜷川虎三等人的府（市）政革新。教育方面，槙村正直以町组为基础，在各学区设立小学进行教育普及，高等教育有日本政府创办的京都帝国大学和作为其附属中学的国立第三高中，私立学校建有立命馆大学、橘学园大学，佛教教派办学的龙谷、大谷、京都女子大学和高等专科学校。包括基督教派创设的同志社大学在内，由宗教界人士主办的学校很多，京都由此被称作文教之都。

1 绳纹文化距今一万年左右时，日本从旧石器时代进入新石器时代，在
   新石器时代的遗址中，大量地发掘出一种手工制作的陶器，外部有草
   绳样花纹，有的还带着美丽的凸凹纹饰，因此，称这种陶器为绳纹式
   陶器。与之相应的历史时期，被称为绳纹文化时代，即绳纹时代。

2 大约在公元前二、三世纪，日本进入了一个新的时期。在这一时期的
   遗址中，发现了大量的比绳纹陶器更显进步的新式陶器。因它首先发
   现于东京都文京区弥生町，所以命名为弥生式陶器。与之相应的历史
   时期，也被称作弥生文化时代。

3 现今滋贺县。

4 日本中部面临太平洋的地区主要指现今静冈、爱知、三重、岐阜等县。

5 京都、大阪、滋贺、兵库、奈良、和歌山、三重二府五县。

6 町主要是居住场所，各个坊进一步被大路和小路划分成 16 个小区域，
   最小的区域被称为町。

7 室町平安京东洞院大路和西洞院大路之间的小路。足利氏在其北部设
   幕府。离西阵很近，现在是京都卖纺织品的商店街。

8 镰仓室町幕府的将军家系的武士。

9 因为京都自比洛阳，市内叫洛中，郊区叫洛外。

10 琵琶湖疏水计划是修建连接大津与京都之间的运河，1885 年以综合开
   发京都为目的开始动工，1890 年完成，它的水力发电是日本经营水力
   发电的最初尝试。

11 1918 年 7 月至 9 月，因为米价飞涨群众生活日益艰难，发生了要求米
   降价的群众袭击米店、富豪、警察的事件，它起源于富山县，余津波
   及全国并发展成以工农为主力的前所未有的大规模民众暴动，政府出
   动军队镇压。因此事件的缘故，寺内内阁倒台。

12 1922 年组成的部落解放运动的全国性组织就是水平社。从被歧视的部落民解放斗争转向为社会主义运动。在太平洋战争时期停止活动。第二次世界大战后以部落解放全国委员会的形式复活，1955 年改称部落解放同盟，正式的称呼是全国水平社。

第二章

平安京以前的京都

原始时代的京都盆地

旧石器时代的考古发掘证实，京都的人类居住史可以追溯到两万年前。最早发现的文物是被称为国府形的石刀具，这种石器在向日丘陵西侧斜坡的西京区大枝北福西町遗址、北区上贺茂的芥子山遗迹以及山科区中臣遗迹中都有发现。下一时期，人类的狩猎方法有了极大改进，考古学家在京都的左京区梅田菖蒲谷遗迹发掘出用作矛头的树叶状尖头石器，此类石器在北区上贺茂本山遗迹、东山区清闲寺灵山町遗迹、西京区大原野神社遗迹中也有发现。这些遗迹所在位置都是临近水源地、可以远眺、适于狩猎的场所，侧面反映出古人类生活的具体样貌。

一万两千年前左右，日本列岛脱离大陆，日本开启了绳纹文化时代。京都同样发掘出绳纹文化草创时期的文物，如在朱雀第七小学发现的附柄尖头石器。京都盆地可知最早存在的陶器是中京区西之京南上合町发掘出来大川式的早期绳纹陶器。其后，以左京区北白川为中心集中发掘出的绳纹时代遗迹，仅能断断续续地展现绳纹中期到后期人类生活的痕迹。

京都市考古资料馆展示的绳纹早期文物有北白川上终町遗迹发掘的绳纹陶器和与实物等大的坑屋模型。绳纹前期，在小仓町遗迹发现了大量的石镞、石斧和石锤，说明那时的人类可能已经开始从事狩猎、采集或在贺茂川捕捞。绳纹后期，追分町遗迹可见圆形石头群和埋罐，这些文物现转移至京都大学理学部的植物园保存。

集中出土绳纹时代遗迹的北白川一带正是从比睿山流下的白川河冲击而成的扇形平原，山前和山背后适于狩猎和捕捞，也适合大型集落生活。另外，山科区中臣遗迹和大宅遗迹是绳纹中期至晚期的遗迹，这里出土了绳纹陶器。右京区嵯峨院的遗迹发掘中也找到了绳纹陶器，桂川、贺茂川、山科川流域，可能存在过绳纹时期的村落。

公元前数世纪，依靠大陆传来的稻米种植方法和金属器具，北九州发展出弥生文化。不久，京都也出现了村落以过去未有的方式谋生（狩猎、采集、渔业）。京都盆地南部的巨椋池储满了来自宇治川清澈碧绿的水，周围环境低湿，适宜种植水稻。京都地区的弥生文化始于濑户内，沿淀川传播，在巨椋池周边扎根。弥生文化前期的遗迹有云宫遗迹（长冈京市）、鸡冠井遗迹（向日市）等，集中在京都西南部地势低洼的桂川流域。与巨椋池相连的下鸟羽遗迹同时发现了继承绳纹文化传统的陶器和弥生陶器。

弥生时代中期的深草遗迹出土了很多木器和木工使用的石器、铁器工具以及壶、瓮等陶器。这个遗迹位于海拔 15~20 米处，体现了水稻农耕村落的特征，此处还发现了与琵琶湖沿岸地区相似的陶器，可以推测当时深草和近江地区也经常互通有无。巨椋池南部的市田斋当坊遗迹（现久御山町）也是弥生中期的大型村落，这里发掘出源于朝鲜半岛的最古老的井户遗迹。遗迹里还有石材加工处，原材料产于靠近日本海的及纪伊、阿波地区，石材便是从这些地方运到京都附近进行加工，显示出各地区间存在的密切联系。弥生文化中期的二条城北遗迹、乌丸绫小路遗迹发掘于当代京都市的中心地段，说明古京都有弥生时期村落存在的可能性。

右京区梅田向之地町山区里发现的四尊铜铎，其生产年代可以追溯到弥生中期之初；八幡市男山东麓的清水井遗迹出土的一尊铜铎，则属于弥生中期的后半段。

到了弥生后期，大型村落的分布扩大到左京植物园北遗迹及山科区的中臣遗迹。从陶器样式看，风格应该是传承自近江地区，而冈崎遗迹的出土陶器带有东海地区的特色。此外，部分陶器是通过淀川传来的大阪湾沿岸地区风格，京都盆地成为双方的连接点。

古坟的出现与分布

最早开始建造古坟的是京都西南桂川右岸的乙训地区，古坟群可以大致分为樫原组、山田组（西京区）、向日组（向日市）、长冈组（长冈京市、大山崎町）。3 世纪后期，向日丘陵南侧建有元稻荷古坟（今向日市，坟型前方后方）；4 世纪前期及中叶，先后建有五冢原古坟（今向日市，坟型前方后圆）、寺户大冢古坟（今向日市及西京区，坟型前方后圆）、长法寺南原古坟（今长冈京市，坟型前方后方）、一本松冢古坟（今西京区樫原，坟型前方后圆）。

引人注目的是，这些古坟不仅有与大和系相同的前方后圆型，也有弥生初期东海地区和近江流域流行的前方后方型。虽然大和地区不是没有前方后方型古坟，但京都盆地出现这种古坟，表明弥生初期此地曾受到东侧政治势力的影响。

京都盆地东部的东山丘陵以西，古坟群有八坂组、深草组，东山丘陵以南，古坟群有桃山组。这一区域因城市化遭破坏的古坟很多，旧址已不可考，但时间大致应追溯到4世纪后半叶至5世纪前半叶的首领墓。

桂川右岸的古坟群里，最后一座大规模古坟当属建于5世纪中叶、全长120米的惠解山古坟（今长冈京市，坟型前方后圆），此后的古坟规模便逐渐缩小了。

紧随其后，京都盆地最北部的嵯峨野古坟群被挖掘出土。这里原本是一片原野，5世纪后半叶才加快了开发脚步。从大陆来的秦氏一族引入大陆的土木技术，并成功地治理了桂川。秦氏在嵯峨野建造了具有代表性的数个前方后圆型古坟。6世纪前半叶，全长71米的天冢古坟建成；6世纪末叶，全长80米的蛇冢古坟建成。蛇冢古坟据传为秦河盛之墓，今仅留下石室，与飞鸟地区苏我马子墓（存疑）的石舞台古坟石室规模相近。

5世纪后半叶到7世纪前半叶，以近畿地区为中心散落着数十到上百座规模较小的古坟，称为群集坟。很难说群集坟是统治阶级的坟墓，可想当时建造墓穴的权利已经扩张至更广泛的阶层。群集坟通常以小型的前方后圆型首领墓为中心，周围分布着更小的圆形坟。农耕生活稳定后，在首领支配下的氏族成员也能够"死同穴"了。京都地区的群集坟几乎都建于6世纪后，通常与上一代首领坟墓同属一片区域。

桂川流域的乙训地区有43座古坟集中的西芳寺古坟群（今西京区）、45座古坟集中的松尾山古坟群（同区）、23座古坟集中的大枝山古坟群（同区）、30座古坟集中的福西古坟群（同区）。福西古坟群的特点是不仅有小型圆坟，而且还有小型的前方后圆型坟。东山山麓有鸟户野古坟群（今东山区）、稻荷山古坟群（今伏见区）等。但东山地区城市化建设较早，很多古坟业已遭到破坏。东山以东的山科盆地有醍醐古坟群（今山科区）、中臣十三冢古坟群（今山科区），东山以北的岩仓盆地有幡枝古坟群（今左京区）。

在南部太秦地区营造规模较大的前方后圆型古坟的同一时期，嵯峨野地区中部的嵯峨野台地也营造了中等规模的圆坟、方坟，嵯峨野北部的丘陵地区则修筑了群集坟。嵯峨野地区的群集坟分为朝原山组、长刀坂组、御堂池组、音户山组、山越组、广泽组，其总数超过一百座。饶有兴味的是，嵯峨野地区和太秦地区的古坟群结构呈金字塔形，墓主分别为首领—中间层—氏族成员。

有一点应当特别指出，此地存在少量烧窑作坊。6世纪末到7世纪中期，原存的山科窑主要生产须惠器①，由此而生了陶原的异名，其后藤原镰足又在这里修筑了陶原馆。不过现在连陶原这一地名也没能保留下来。7世纪初，岩仓修建烧窑，生产须惠器，后进行制瓦，秦氏家庙——北野废寺的瓦和须惠器正是在同一个烧窑中烧制的。岩仓地区的窑业生产一直延续到平安时代，修建平安京所使用的瓦也是由岩仓窑及西贺茂窑址大量烧制供应的。

栗隈县与葛野县

古坟本意是领导村落的酋长用以彰显其权力的墓穴，但又同时

---

① 须惠器（えすき），亦称祝部式土器或朝鲜土器，古坟时代后期至平安时代盛行的陶器。

表明墓主臣服于大和朝廷，并以此得到一定政治地位。通常认为，前方后圆坟型与大和朝廷有所关联。

4 世纪至 5 世纪，大和朝廷设"县"，即臣服于大和朝廷的属地行政单位，古坟墓主很有可能就是"县主"。

正史中最早有所记载的两个县分别是栗隈县和葛野县。《日本书纪》中，325 年（仁德天皇十二年）有栗隈县（今宇治市大久保町）开凿大型沟渠灌溉农田的记载，607 年（推古十五年），挖掘沟渠的记载再度出现。与栗隈县相关的宇治县，其县主后成为平等院镇守，现存的宇治县神社正是当时的遗迹。《古事记》中留有第 15代天皇（应神天皇）颂扬葛野县的诗歌。

> 今环视葛野
>
> 举目所见
>
> 村里满眼
>
> 是可知其国之优秀也！

应神天皇在去往近江国途中经过宇治所，咏出这首和歌后，他于葛野之地初见神社巫女 ① ——矢河枝比卖时一见倾心，向她求婚并生下皇子菟道稚郎子。虽不知葛野在何时成为县，但从应神天皇的故事看，葛野的历史源远流长。该县地域范围较大，包括今葛野、爱宕、乙训、缀喜各郡 ②。葛野县主史称葛野主殿县主，传说其为神武东征故事里八咫鸦的子孙。主殿这一词通说是由天皇巡幸时担任

---

① 原文为宫主（みやぬし），日本实行律令制时司掌神事的官职。

② 葛野郡、爱宕郡现已废除。

引路人这一职务而来。

鸭（贺茂）县主与葛野县主关系密切，也有类似的传说。有说法是两个县主其实是同一人，按上田正昭先生的说法：5世纪左右设置的葛野县里来了一位新的统治者——鸭县主，他代替葛野县主，在祭祀先祖的时候遮蔽了过去葛野县主家奉斋神，利用鸭氏的主殿职能编造了八咫鸦后裔的传说。相传，鸭氏供奉之神是从山代（山城）南部沿木津川北上到达贺茂川上游的新来神。6世纪后，秦氏、高丽氏、出云氏等新氏族入侵抢占地盘，葛野县统治者之位朝不保夕，官府再组司空见惯。

鸭县主与其供奉的神明有一个著名传说，即《山城风土记》中的贺茂传说[1]。

玉依姬在濑见的小河（贺茂川）嬉戏，突然有一支丹涂矢从河流上游漂来。她捡起这支丹涂矢带回家，放在卧室里。不久，玉依姬怀孕生子，同族人集合起来逼问孩子的父亲是谁时，骤然轰响的雷鸣将丹涂矢带上了天。相传，玉依姬的儿子是雷神的后代，名叫贺茂别雷命，她的丈夫（丹涂矢）正是乙训的火雷神。

书中还写到，每逢祭礼之日，人们要戴着野猪面具、骑着身上挂铃铛的骏马奔驰，以祈愿五谷丰登、天下太平。由此可见，原始的农耕神祭祀也是贺茂赛马的起源。

玉依姬和她的父亲贺茂建角身命一起被供奉在贺茂御祖神社（通称下鸭社），儿子以贺茂别雷神的身份被供奉于贺茂别雷神社。

平安时代，因长冈京·平安京迁都，贺茂神社的地位仅次于伊势神宫，为正一位的皇城守护神社。祭祀权归属朝廷后，鸭县主氏不再具有任命资格，作为神官由朝廷来任命，而迎神巫女——阿礼少女①作为斋院(斋王)②改由未婚的内亲王③担任。京都"贺茂祭"（亦称"葵祭"）通常会有天皇指派的敕使前往，《源氏物语》中也写到，贺茂祭时光源氏被任命为敕使，葵上和光源氏曾经的恋人六条御息所为一睹光源氏华丽的丰姿乘辇前往。小说生动地描写了大路上两位贵妇的仆人引发了一场不小的摩擦，形成牛车争道的场面。室町时代，还以贺茂祭为主题创作了能乐《贺茂》。

秦氏和上宫王家

在关于盘踞在山背（山城）之国秦氏一族的传说里，多有强调该族人与圣德太子关系密切。

住在深草里的秦大津父得到钦明天皇的宠爱，主管财政，为建造深草屯仓和伏见稻荷大社提供了支持。圣德太子的嫡子——山背大兄王受到苏我入鹿④军队的袭击，虽突破重围逃入生驹山，后又逃往深草屯仓准备东山再起，但未能如愿，山背大兄王最终只得饮

---

① 原文为阿礼乎止壳（アレヲトメ），意为传达神明意旨或使神明附身的神职少女。
② 斋王别称斋皇女，即伊势神宫及贺茂神社承担神祀（巫女）工作的未婚内亲王或女王。斋院是贺茂神社巫女的专称。
③ 内亲王即被天皇赐予内亲王地位的皇女，虽然正文中未提及，但未曾被授予内亲王地位的皇女及亲王的王女，亦有资格担任斋王。
④ 日本飞鸟时代的政治家，曾一度权倾朝野，后被暗杀。

恨自尽。故事正是发生在此处。

相传，以秦河胜为代表的葛野秦氏与圣德太子关系也很密切，太秦这一地名就是由朝廷赐秦氏姓而来。广隆寺是秦氏的氏寺，因供奉着两座"弥勒菩萨半跏趺思维像"而闻名遐迩。这两座飞鸟时期的文物是日本当之无愧的国宝，大佛像乃"宝冠弥勒"，小佛像乃"泣弥勒"。佛像由红松制成，造像所用的木材似乎不是日本所产，佛像也是新罗样式，通认是新罗制造。根据《日本书纪》，公元603年（推古天皇十一年），圣德太子说道："孤有圣佛一尊。"正当圣德太子问是否有人想要供奉其像时，秦河胜立刻请来了这尊佛像，并建造了蜂冈寺。据《上宫圣德太子传补阙记》，圣德太子在山代葛野的蜂冈之南建宫时，秦河胜曾侍奉太子，所以太子才将新罗国献上的佛像赐给秦河胜，并舍宅为寺。秦氏一族与新罗颇有渊源①，新罗使节东渡日本时，他曾担任引见的"新罗导者"。秦氏作为新罗佛教信徒和圣德太子的左膀右臂，在军政、内政方面颇有作为，留下诸多丰功伟绩。关于秦氏古坟前文已有论述，在此不加赘言。

不少秦氏族人担任大藏②、仓人③等财政方面的官职，也有不少铜工、铸工类的技术人才。有关灌溉工程"葛野大堰"的文献史料仅有奈良时期的留存，但史传秦氏与这项工程有关。考古学发掘中，桂川右岸的松室遗迹发现了古坟后期的水渠，如果这些遗迹与葛野大堰有关系，那么大堰的初建时间应该可以回溯到5世纪后半叶至

---

① 一说认为日本秦氏原是在秦末农民起义的战乱时代逃亡朝鲜半岛，后东渡日本的古代中国人形成的氏族；一说认为日本秦氏是月弓君（秦始皇五世孙）率百济国民众东渡日本形成的氏族。

② 大藏为古日本朝廷用以贮藏财物的仓库，大藏省为古日本朝廷最高财政机关。

③ 负责仓库出纳、管理的下级官员，别称藏人。

6 世纪前半叶。

高丽人的足迹

高丽人留下的遗迹数量可与秦氏相匹敌。1938 年（昭和十三年），考古学家挖掘木津川上狛地区的高丽寺遗迹，寻得本堂^①的地基石和佛塔中心柱的奠基石，奠基石上还有舍利孔。飞鸟到平安时期的瓦也在此出土，反映了古日本过往的风貌。

1967 年（昭和 42 年），西京区樫原内桓外町发现樫原废寺遗址，从出土的"素缘单瓣八瓣莲花纹轩丸瓦"可以判定该寺建造于 7 世纪中叶。八角塔的地基为瓦垒式，中门和回廊的遗迹也有留存，布局与高句丽的清岩里废寺遗迹非常相似，二者的关系向来是学术研究中的热门话题。

据说宇治桥也为高丽人所建造，宇治市的桥寺（常光寺）保存着宇治桥断碑，现存断碑大体为原碑的三分之一。公元 646 年（大化二年），有文书记载从山久惠满家出家的道登法师修建了宇治桥。道登法师是古日本颇有名气的高句丽僧人，其造桥的故事在《日本灵异记》《今昔物语集》《扶桑略记》中都有出现;《续日本纪》中，则有道昭建桥的传说。大化二年道昭才 18 岁，但考虑到中世纪的桥耐用年限最多不过 20 年，要不断进行修缮，由此得知道登及道昭都可能负责过宇治桥相关的修筑工程。壬申之乱（672 年）时，史书记载近江大津宫的大友皇子为切断身处吉野的大海人皇子的补给路

---

① 本堂即佛寺用以供奉主佛的正殿。

线，向宇治桥派遣了桥守，可见直到天武天皇时代，宇治桥尚存。

天智天皇和藤原镰足也与山背国地区有着密切往来。天智天皇在山背国建近江大津宫，还驾崩于此，其陵墓位于山科，坟型属于上圆下方（即御庙野古坟）。藤原镰足在山科陶原有宅第，后舍宅为寺，即山阶寺。山阶寺后迁至飞鸟，演变为平城京的兴福寺。曾有人怀疑，已经被发掘出的大宅废寺遗址才是山阶寺遗迹，但是这个假说已被推翻。更有力的说法是，JR① 山科站附近的遗迹才是山阶寺。该遗址还包括 7 世纪烧制须惠器的瓦窑遗址，天智御陵北侧还挖掘出同时代的炼铁所遗迹。

长冈京迁都

桓武天皇目睹统治平城京（今奈良）面临的重重难题，刚继位便考虑迁都长冈。公元 784 年（延历三年）5 月，桓武天皇派人考察选址地，六月就已任命"造长冈宫使"。同年 7 月，已有人进贡用于架桥的木材，也开通了平城京到长冈的水陆运输线。同年 11月，天皇移幸长冈，推论宫殿此时业已落成，东、西两市也从平城京迁至长冈。785 年（延历四年）元旦，朝廷在长冈举办朝贺仪式，可想大极殿和内殿同样已经落成。半年不到，天皇便紧锣密鼓地迁都了。

据传，桓武天皇之所以选择乙训地区，是想与此地的大陆移民

---

① Japan Railways 的缩写，日本国有铁道分割并民营化后，JR 东日本、JR 北海道等多个企业的总称。

合作。不仅是迁都长冈京，迁都平安京选址时可能也考虑到这点。桓武天皇的外祖父是百济氏族的高野朝臣乙继，推动迁都的多是百济王族出身的族人。平安时代的婚姻制度为招婿婚①，桓武天皇生长的地方正是他母亲高野新笠娘家所在的大枝地区。担任造京别当②的近臣藤原种继，其妻出身秦氏，她的父亲就是遣唐使秦朝元。

长冈京和平城京、平安京从规模与棋盘式的街道布局看起来大致相仿，但是从遗迹发掘的研究结果看，其设计理念却大不相同。山中章指出，长冈京·平城京的设计以宫殿为主，重视宫殿周围的主路。可是这两京的住宅区呈制式化，没有管理城市居民的意识。以平城京为例，朝廷把官职五位以上的贵族安排到五条以北居住，下级官吏的住宅区域则局限于南部。长冈京重视道路及贵族府邸用地的分割设计，各町大致面积等同，平安京继承了这一特点。

可是长冈京从迁都开始就麻烦不断，或许这次迁都的失败早有先兆。迁都翌年（延历四年，即公元 785 年）9 月，藤原种继被暗杀，天皇胞弟早良皇太子蒙冤遭废，后来绝食而死。即便如此，朝廷还在继续营造大内宫殿。792 年（延历十一年），长冈京遇洪灾，皇太子、皇太后、夫人相继而亡，民众认为是废太子早良亲王的怨灵在作祟。这年，天皇经常假意到周边地区游猎，寻找没有洪水灾害的地方。在平安京修建者（和气清麻吕）死后为其所著的传记中，有"借口陪天子游猎去葛野之地"记载，可想和气清麻吕当初或是主动促进迁都之人。

于是两年后，天皇迁都平安京。

---

① 又称访妻婚，即缔结夫妻关系的男女各自住在父母家中，由男性主动夜访女性。
② 别当为官职名，意味负责这一职务的官员本有其他主职（及身份）。

1　贺茂县县主的先祖贺茂建角身命（命是古时对神或者贵人的尊称）是从大和国的葛城山搬迁而来的，他的第二个孩子就是玉依比卖命，又称玉依姬。

平安京·镰仓时代的京都

平安京的城市结构

平安京大内

公元 794 年（延历十三年）是恒武天皇迁都新京的日子，也是"辛酉改革"开始的日子。

迁都诏书写道：

> 此之国，山河如襟、自然成城。
>
> 因形胜之地，制新国号——化山背为山城；
>
> 聚来之民、讴歌之辈，异口同词，号之为平安京。

新都的营造和诏书一样，充满清新之气。

上章讲到朝廷离开平城京定都长冈京的经过，迁都不过十年就宣告失败，天皇地位岌岌可危。

第一任营造大夫藤原小黑麻吕娶秦氏女为妻，其子命名为葛野麻吕，显示了藤原一族与秦氏的亲缘。迁都至葛野之地与藤原小黑麻吕确有一定关系，他作为第一任营造大夫促成了迁都。不过，一年半后他便撒手人寰，由迁都促进派的和气清麻吕继任营造大夫。据村井康彦先生分析，他们都是民部省①出身的经济官僚，管理着

---

① 律令制时代的中央行政机构，负责管理户籍、徭役、农业、水利、交通等与财政相关的民政事务。

营造新都所需的庞大物资。

新都占地涉及葛野、爱宕两郡，在新都建设时得到盘踞在这里的大陆移民——秦氏很多帮助。此地原有以秦氏为首的豪族土地以及老百姓的口分田（即按照律令分得的土地）。为建都，京内老百姓的土地被强制征收，同时可以领取三年的过渡期补偿金或置换土地。据说，紫宸殿前庭的柑橘树，原本是秦河胜家宅大院里的，御所内的园韩神社也是古而有之。大内里原是百姓生活、耕作之处，迁都平安京后作为皇宫的内殿、举办国事活动的朝堂院（其正殿为大极殿）、举办宴会的丰乐院以及二官八省的官衙，占地约 50 万坪[1]。

营造新首都的工程除了修建禁城、京内的建筑，还汲取了长冈京的失败教训，重视改造主河川。考虑到京都盆地东北高西南低的地势，旧高野川和经过现在的堀川附近的旧贺茂川曾交汇于四条、五条，通过改造使主河道改变流向。畿内附近，多国的农民都为这项大工程服劳役。

诸司厨町和东西两市

大内周围设诸司厨町，即服务于宫廷之人的住所，如从属各官厅的御用下级职员，或从各国征调来首都在诸司、诸卫值班的卫士、听差、舍人[1] 等人。比如，六位府的舍人就居住在一条以南的带刀町，每月轮流值班。厨町属于官衙，住民需要为其各自所属的官衙服劳役。

与在官衙町居住的人不同，平安京都民被称为"京户"，京户

---

① 古时豪门贵族家中的门客。

既包括贵族也包括平民。京户的口分田地租和所属其他区域的住民没有不同，但是其他劳役更少。征调和徭役畿外多、畿内少，京户负担就更轻了。畿内的人免除庸①，取而代之的是较多的临时课役。京内也有穷困之人，但多为其他地区流入京都的。贫民从他国流入的较多，其中不少是流浪者和乞丐。虽然朝廷设了常平所出售便宜官米，还设乞人屋、悲田院和施药院等福利设施②，但是似乎没有收到什么效果。859 年（贞观元年），藤原良相设崇清院，收容本氏族内无所依靠的女性，让她们通过劳动自给自足。氏族的保障功能减低，访妻婚这种婚姻习俗不能保障妇女生活福利，甚至出现了饿死人的现象。

平安京南北共有九条大道、东西四坊。各町为边长 40 丈（约 120 米）的正方形，四町为一保，各坊由四保即十六町组成，城市规划井然有序。

京职指负责平安京的行政、司法、执法的管理人员，其官厅地点设在朱雀大道两边的姊小路之北，其长官为左京职（大夫）和右京职（大夫），统领平安京内，平安京外则是山城国司的管辖地。京职官吏下设坊令和各保长，选任居民中有才干的人。不久后，保长改称刀祢。

首都不可缺的是城市功能。在迁都三个月前（即延历十三年③七月一日），官方设邸舍转移原在长冈京的商贩，并设东、西两市。

---

① 隋唐时期赋役法规定，成人者每年服役二十日，若不服役则每日须纳绢尺数，谓之"庸"。平安时期，日本效法隋唐的法律制度，纳税、徭役多有近似。

② 常平所，平安时代初期用以安定米价的政府机构；悲田院，用以救济贫民、病患、孤儿的政府机构。

③ 公元 794 年。

东市在七条坊门南、七条北、大宫东、堀川西；西市在七条坊门南、七条北、大宫西、西堀川东。两市均有市门及售卖特定商品的店铺。由于右京衰退，西市也很快萧条了。

被人们称为市圣的僧人空也在市门建造了一座石塔，上面写道：

一念南无阿弥陀佛，死后亦可登莲座。[①]

据传，该塔原建在北小路市门。

1183 年（寿永二年），显昭[②]的《拾遗抄注》中写道：名为"著钛祭"的市祭祀于冬夏举行，每年两次。市内行商古而有之，不过在显昭撰写《拾遗抄注》时，平安京的商业中心已经转移到七条町了。著钛祭是指每年的 5 月和 12 月，检非违使[③]要在东、西两市让罪犯戴着脚镣游街，这种祭祀活动一直延续到江户时期，罪犯往往由鞍马村的村民扮演。显昭写道："于彼市审问盗贼，犯人还要装作大模大样。表演是为了端正居民品行"。在闹市惩罚犯人的习俗在全世界的历史中都颇常见，可达以儆效尤的效果。空也上人写在塔上的警句当然是救度集市里的百姓的，但即使是真的被游街示众的犯人，佛陀依然会度化。显昭源此才特地在注释中写明著钛祭。后东市萧条，到平安末期，这里几乎与寻常街道没有什么区别了。不过据说直至镰仓初期，皇女出生后第 50 天举行贺礼所需的糕饼还必

---

① 出自《拾遗集》。

② 显昭（约 1130 年～约 1210 年），平安末期·镰仓初期的歌僧、歌学者。

③ 律令制下的令外官之一，"检察非违（非法·违法）的天皇使者"之意，管辖京都的治安和民政事务。

须在东市买，传统可谓源远流长。

东市市门位于七条的猪熊。795年（延历十四年），市比卖神社请来宗像三神，其中怀抱儿童的女神像造型优美，现被移至河原町六条。当时，铸锅已成行当，市门附近铸造的悬釜作为名产，在《堤中纳言物语》中也被提及。

市当然是进行商品买卖的地方，但也是男女老少、贵贱群集的场所。据说光孝天皇的女御班子女王年轻时很爱逛街，即使当了妃子，一天不去市场购物还是会心情沮丧。市也是恋爱的场所，《大和物语》中的一篇，《平中物语》即是讲到以好色得浮名的平贞文在市上猎艳的故事。还有一些虚构的故事，如《宇津保物语》里有一个大臣三春高基非常吝啬，在他的众妻之中有一位经营丝绸买卖的女商人叫作德町，大臣看上她有经济能力不用自己养活，就把她安排在城北。大臣因为太吝啬遭到对方厌恶，还被抛弃了。不过，这个大臣的想法也有一些可取之处，他说："奢侈浪费的人给百姓带来了痛苦。我认为把物资囤积起来拿到市场贩卖才是不给民众带来痛苦的明智之举。"这种观点，在当时颇为可贵。

镇守王城的神佛

恒武天皇的改革着力于宗教界革新，建都长冈京时，他没有许可南都（奈良）佛教进入，当然平安京也是如此。为取代南都佛教，他营造了守护平安京的两大官方寺院——东寺和西寺。从历史记载的日程看，796年（延历十五年）造东寺，翌年造西寺。西寺一蹶不振源于右京衰退，和空海（弘法大师）真言宗密教的据点东寺简直没法比。镰仓时期，藤原定家渡桂川也曾在西寺塔前逗留。1233

年（天福元年），西寺烧毁。考古发掘确认了西寺的遗迹，位于现唐桥西寺町的唐桥小学处；而东寺（教王护国寺）因塔屹立至今被大众所熟知。

15世纪的能乐大师世阿弥在评论能乐艺术时说："给人以瞬发燃点的艺术没有价值。就好像乡下人来到都城，看见东寺塔吃惊的情形一样。"反倒是生活在高层建筑时代的笔者赞佩东寺塔，古建筑看上去是那么庄严、宏伟。

823年（弘仁十四年），嵯峨天皇把东寺敕赐给空海作为真言密教的根本道场。有人猜测这是天皇实施平衡之举，因为此前，天皇认可了最澄设立戒坛。空海是赞歧地方出生的僧人，在太学明经道科试合格，本应成为人上人，可是他却舍弃了出仕之路，皈依佛教，研学神秘的行法①。后来，空海在其著作《三教指归》中说，"道教比儒教强，而佛教比道教等更优秀"，他历经修行而悟得真言密教经典——《大日经》。空海与最澄是乘同一条遣唐使船前往大唐的，最澄在天台山修行，而空海则在大唐首都长安接受了惠果的教导，得到真言密教的秘法传授后回国。他带回的216部共461卷经论，其中一半以上是不空三藏的新译。

824年（弘仁十五年），空海任东寺别当，从讲经堂开始营造东寺。此前，镇守八幡宫应请求为东寺制作了一尊男神像（八幡神）、两尊女神像（大带神、比咩大神）以及武内宿祢²像等法体，后因八幡宫烧毁，神像佚失。1957年（昭和三十年），这三尊佛像才重见天日。这三尊佛像由同一棵丝柏树的木料制成，均是高度超过一

---

① 行法，佛教用语，指修行佛道一事或修行佛道的方法。

米的大型座像，所用的丝柏树也是颇有历史渊源的神木。造像仅保留下少量当时的色彩与纹样，因其制作时代也被视为日本最早的神像。同时发现的裸身武内宿祢像的造像时间要稍晚一点，估测为藤原末期，通说当年祭祀时这尊像着有衣物。

据说，空海到东寺之前，该寺只有正殿和为数不多的僧房。正殿为显教朝谒用，主佛供奉药师如来。讲经堂是空海主持建设的，按当初计划应该与西寺结构相同。内部诸佛像的配置，分别为五佛、五菩萨、五大明王、梵天、帝释天、四大天王共 21 尊，还有"羯磨的曼陀罗"这样用雕刻的形式来表现密教思想的。造像图纸根据空海提供的图像样本绘制，由南都官寺造像所的工匠制造。后来不仅添置了新佛像，还时常修补旧造像，获得源赖朝的资金后，文觉主持实行了大型修整。

东寺收藏的大部分宝物是空海从大唐带回来的，纪录于《请来目录》中。空海带回的佛教经典、佛像等数目之多，令人惊愕，可见他前往大唐前便已做好计划，还为此准备了足够多的盘缠。保存至今的有真言五祖像和犍陀穀子袈裟一袭。密教的基础是曼陀罗，他从大唐带回了五幅，但是唐土的曼陀罗不知何故没有传下来。平安初期的曼陀罗传下来的有三件，为首的就是空海在真言院做法事时用的"真言曼陀罗"。

从大唐带回来的文物中还有东寺的兜跋毗沙门天①造像。传说当年中亚的兜跋国遭到敌人进攻时，兜跋毗沙门天出现在城门楼，击溃了敌人。唐朝人将这尊像放置于都城城门上。这尊像抵达日本

---

① 又名毗沙门天、多闻天王等。

之初放置于罗城门上，罗城门倒塌后移入东寺。这尊像由大陆产的樱木以整根木料制成，身着西域风格的皮盔甲，颇具异国情趣。值得思考的是，佛教四大天王中毘沙门天是守护北方的神佛，所以放在鞍马寺中作为对付东北虾夷的神明来祭祀。如果是这样，当初又为什么安放在平安京南边的罗城门上呢？

必须指出，空海的另一大功绩是创立综艺种智院，这是为没条件上太学的人创办的教育场所，赞助者是藤原三守。藤原三守把自己在九条的两个町土地和盖有五间屋宇的土地捐给寺院，使儒佛合一，讲内外之典籍。维持种智院的运转是件麻烦事儿，空海死后，东寺便将其卖掉以便有资金购置庄园[1]。

最澄的延历寺

另一位高僧最澄，诞生在比睿山麓琵琶湖西岸的东坂本地区。最澄在近江国分寺剃度出家时比当地规定的要小一岁，有纪录说他是"近江国滋贺郡古市乡户主正八位下三津首，净足户口同姓广野，颈左和左肘上各一黑痣"。最澄在比睿山造一草庐，钻研以法华经为基础的天台教学。最澄在31岁时成为天皇近待，是内供奉十禅师之一。他提出法华经是唯一可以对付末法之世[2]的光明之路，并申请前往大唐修习佛法。804年（延历二十三年），获准的最澄搭乘遣唐使船出发，恰巧与空海同乘。

最澄在大唐不仅修习了天台宗[3]，还修习了密教、禅宗、佛教律

---

① 原文为莊園，指奈良时代到战国时代，中央贵族或寺社盘踞且私有的大片土地。

② 末法之世，佛教用语，"转复微末，谓末法时"，指佛法衰颓的时代。

③ 天台宗为中国本土诞生的佛教宗派，因为创始人智顗住在浙江天台山而得名。

法等，因而产生了博佛教众宗派之彩设立综合佛教的念头。这就是日本中世纪新佛教从比睿山天台教学中产生的缘故。

最澄从大唐归来时恒武天皇已身患重疾，最澄在他垂死之际为祈祷天皇疾病痊愈诵读《悔过读经》。为此，朝廷赏赐他开设天台宗。渴望建成大乘圆顿戒坛的最澄并没能于在世时实现他这个难以实现的愿望，他失意地死在比睿山。最澄头七前，弟子们奔走打点，才终于获得大乘圆顿戒坛的建设许可。

自空海、最澄后，密宗寺院接连不断地设立。848 年（嘉详元年），藤原顺子（藤原冬继之女、仁明天皇的女御、文德天皇的生母皇太后）建造山科的安详寺，分上下两寺。第一任住持为空海的弟子，曾前往大唐修习的僧人惠运。藤原顺子将山林五十町捐给寺院，寺领大有助于当时的寺院建立优势，她本人的墓也设在寺院附近的山里。该寺在中世纪日益衰败，应仁文明之乱（1467—1477 年）时上、下寺均被烧毁。五智如来像为安详寺创建时的宝物，现陈列于京都博物馆。

山科地区的劝修寺村发掘出不少醍醐天皇的外戚——藤原高藤的遗迹。《今昔物语集》讲了一个浪漫故事，15 岁的藤原高藤到山科地区打猎时突遇雷雨，他到一户人家避雨借宿，见到了这家一位13 岁左右的少女列子，一见倾心，遂成好事。过了五六年，再来此处，看到了他已然五六岁的女儿胤子。这个女孩子长大后成为宇多天皇的女御，生下了醍醐天皇，死后被追赠皇太后名号。胤子的母亲列子，其祖父是该郡的大领①宫道弥益。宫道弥益舍宅为寺的寺

---

① 日本律令制时代的官职名，郡县地方的最高行政长官。

院即劝修寺。根据京乐真帆子的研究，该寺由继承列子血缘的孙辈共同维护。劝修寺附近不仅有胤子的坟，也有其弟藤原定方之墓。以劝修寺为中心的周边均为宫道列子的子孙——从属劝修寺系藤原氏的遗迹。

自山科向南，笠取山麓和山上都有醍醐寺的建筑，这是空海的徒孙圣宝建立的密宗寺院。当成为与山科颇有渊源的醍醐天皇的敕愿寺后，它快速发展。醍醐是糊状乳制品，也就是所谓的凝乳奶酪，味道鲜美也具有药用价值，于是醍醐味引申为精深的佛法之理。可是醍醐寺开创的故事里却有另一番解释——一位像土地公一样的老翁舀了一勺山上的清泉水说，这就是"醍醐味"。这故事倒是符合日本人的习俗，毕竟过去日本人的食谱中并不包含牛奶制品。

907 年（延喜七年），圣宝所建的上醍醐寺内药师堂是三间门面、四面朝向的殿堂，屋顶用桧皮葺成，安放了半丈六[3]的药师如来和日、月光菩萨双胁侍像。造像由弟子会理担任，会理既是佛师又兼任画师。上醍醐寺还有"延喜（醍醐）御愿"的五大堂在 14 世纪时烧毁。下醍醐寺是圣宝的后任观贤所建，为祈祷醍醐天皇的皇后稳子平安生产，因为这个缘故，稳子所生的朱雀天皇即村上天皇对这个寺院十分崇敬。根据平安末期的僧人庆延写的《醍醐寺杂事记》的纪事（久寿二年，即 1155 年）项目里记载上、下醍醐寺是大伽蓝，当时共有堂四十二座、塔四基、钟楼三宇、经藏四宇、神社十个、高仓两宇、御仓町三所、汤屋三宇、僧房一百八十三宇。

从王朝都市向中世纪都市演变

《池亭记》中的平安京

百年恍然而过，平安京终于迈出作为城市独立发展的一步。928年（天元五年），庆滋保胤著《池亭记》，虽然不过是他修建自己的宅邸时所成的书，但也记录下了平安京的彼时风貌。

相对于繁荣的左京，右京已然衰败。

左京四条以北有许多民宅分布于西北、东北部，不论身份尊卑，处于杂居状态；

鸭川边上和北野有人家、有田地，有人进行耕作。都城内荒芜，民众移居郊区；

左京地价贵，负担不起的宝胤便在六条坊门南购入了十余亩荒地用于建设宅邸；

庆滋宅主体占十分之四、池水占九分之三、菜园占八分之二，水芹田占七分之一；池中有栽种绿松的小岛，岛边铺白砂；宅内有锦鲤游泳、白鹭振翅，还有小桥和小舟。

据此推断，当时左京四条以北已逐渐呈现出城市之貌。《拾芥抄》虽然是后来的文献，不过书中配图也可以看到大内里、院、宫诸家的宅邸鳞次栉比。

也有很多人像保胤一样，不在四条以北选址而在六条附近购买土地盖房。正如保胤所描绘的那样，平安时期的贵族宅邸都盖成所谓"池水洄游式庭园"。大中臣辅亲的六条殿还造有砂洲，叫作"天桥立"⁴。更早的时候，源融的六条河原院仿陆奥⁵釜盐的风光景色，从难波的海运来海水制盐。不过这里是源融的行宫，他在嵯峨也还有一个叫作栖霞观的行宫，当时的贵族通常坐拥多处豪宅。

据说右京萧条是因沼泽遍地，但此处也不是没有宅邸。《今昔物语集》里有一个故事，某兵卫佐捡漏儿在西八条棚户商家的杂货中识别出银块，以便宜的价格购得，发了财。后来兵卫佐用这笔钱买了右京的一块浮水湿地，然后他从难波（今大阪）运来芦苇填埋造地卖给贵族又大赚了一笔。这块地上建了源定的豪宅。后来又做了源高明的西宫，占地三町。

王朝时代右京荒芜，左京繁荣。是否可以简单地把左京"上边"说成是朝廷、"下边"是工商业繁荣之地，划分得那么清楚呢？其实不然。称为"上边"和"下边"的地区也不能和中世纪后期的上京与下京对应。黑田纮一郎先生推定其分界就是二条大路，"上边"指二条大路往北、大内里往东的那一角。也就是说，"上边"指接近大内里贵族住宅鳞次栉比的地区。

平安京是以大内里为核心而构成的。王朝时代的京都是以天皇—院宫—摄关家为中心的多核结构，这些住宅的集合体就是上边。公卿百官选择住在皇室近处为他们效劳，行走于有权势者之间。

平安时期三位有名的书法家之一——藤原行成担任官房长官这一要职，官职名为藏人头，他每天的工作就是乘坐牛车或者骑马频繁出访。比如，藤原行成有一本日记叫作《权记》，在995年（长德元年）12 月 24 日的日记里记录的当天行程。他先去东三条院（一条天皇母后诠子）取她写的关于庄园所领 ① 的奏文，然后他拿去请右大臣道长（级别等同于总理大臣，有"内览权限"，即执行政务的人）阅读，最后到大内里去上奏天皇接受敕命。那天，他还有其他事情需要在大内里守候。说他像个陀螺一样转来转去似乎对他有些不恭，但是他每日都要在显贵之家间奔波，也就是说他行走于"上边"。

庄园领主的家政所

院宫诸家指上皇、女院、宫家、摄关家，它们是庄园领主的本家。领主仿效天皇，设自己的家政机关。平安后期的《执政所抄》就纪录了藤原忠实家每逢节日所行之仪，部门分为政所、藏人所、小舍人所、御随身所、待所、行事所、御读所、御台盘所、御厨、修理所、作物所、纳殿、赞殿、御仓町、膳部。

《拾芥抄》里还提及御服所，虽然《执政所抄》里没有相关纪录，但是藤原忠实家肯定也有类似的部门。

首先是仓库，包括赞殿、纳殿和御仓町三个部门，既储藏也生产。赞殿主要负责调配、储藏由赞人进贡的水果、鱼类、鸡鸭以及酥（奶酪）和蜜，不知奶酪是否由这个部门制造。纳殿就是今天所说的库房，主要存放各种缎子、丝绸、棉布等衣料品，锦、绫等高级纺织品，以及袈裟、内衣、幕帐等加工品，还收藏纸、名香、金银、苏枋（香料）、佛像、经文等。需要注意的是，这里也进行裁

---

① 原文为莊園所領，指日本律令法时代贵族依法占据并行使支配权的土地。

缝加工。平安初期由御服所进行染织，后来主要从外边订货。御仓町收藏家具什物，主要是收藏喜庆宴会用的涂红的漆器（御朱器）、法事所用的供器、铁物、佛像、经卷等，以"御仓"为中心形成的工艺街叫作御仓町。该町有匠人住宿的地方、厨房和工艺品制造场。所以史料有记"御仓町者细工所也"，其中有加工冠的师傅、画佛像的工匠。从此处可以承做佛像、经卷、镜子、漆器等物品来看，应该还有佛师、写经师、铸造师、涂装师。金工加工所进行丝柏木加工（柏或杉等木材加工成容器），也有木器家具的细木器修理所。但是，这些制造部门如何与御仓町分工则尚不明晰。

　　总之，作物所和御仓町是负责储藏从诸国庄园领地收来的贡品、用贡品交换来的诸国其他物产，以及制作稀缺的手工业品和艺术作品的地方。随着时代的发展，从诸国提供的原料品和半加工品多了起来，御仓町的加工制品也越来越多了。关于这一点下文仍有提及。

　　上述为摄政关白家的家政机关，上皇和女院的也类似，只不过女院不设武者所和御随身所。与此呼应，工匠也纷纷离开官衙町，分散去御仓町为豪门权势服务了。虽然《源氏物语画卷》不足为凭，但是画卷表现了当时显贵宅第之奢华。按照规定，光源氏的宅地可以占地两町，光源氏在广阔的四丁町新盖了"六条邸"，明石夫人就住在相当于御仓町的地方，由旺夫的明石夫人管理家财、经营事业，她与光源氏生的女儿后来成为天皇的明石中宫。

御仓町与手工业者

　　御仓町是被称为"院、宫、诸家"的贵族宅邸的附属物，同时在该地区也存在着诸司厨町，那里住着从各国来服役的手工业者和舍人，叫作官衙町，分属于各个官署的附属机关，也就是说官家手工业作坊与贵族的居住地没有分开。这显示了律令制时代的特色——商工业者还没有独立，各自依附于天皇、院、宫、诸家。

随着发展，诸司厨町和官衙町发生了转变。诸国来京城服务的工匠给天皇服务期间应付的工钱经常遭到拖欠，他们不得不留滞京都，无法返回故土。经济来源只能依靠其他愿意购买商品（或服务）的买主，可是买主也并没有多到足以让工匠挣到钱能维持生活的程度，他们的人身安全也没有保障。在失去律令提供的物资后，他们只能去投靠需要他们产品的上皇、女院、皇族、有权势的豪门、寺院神社，借此获得身份上的特权——他们所属领主持有的治外法权，让警察裁判权对工匠无效：他们只要给领主贡纳定额的产品就可以逃纳国税。比如，附属于太上皇的织工叫作院织工，只要太上皇不解雇，即使他犯了罪，检非违使也不能逮捕。

工匠们住在附属于显贵宅邸里的御仓町这个兼作作坊、事务所、宿舍的地方，从事商品生产和加工。另外一方面也承接商品订单。1039 年（长历三年），织部司官吏涌入关白藤原赖通家中把织到半截的绫子切断，责问织工为什么不缴纳贡物。生气的关白通知"看督长"把织部司小官吏绑起来，封存了正给天皇织和服的织机，天皇得知后只能抱怨关白（据《春记》）。这是因为织部司下属的织工都是关白家的，争吵原因是织工没有给织部司上缴贡品。

如上所述，二条以北（即上边）显贵的宅邸很集中，在这些宅邸里不但有家臣，还有小作坊，如果这里住着御用手工业者的话，就会让人联想起永原庆二先生提出的"家产经济论"。

如果显贵家中负责经营种种手工业，那以市为中心的平安京城市经济（交换经济）只能这样解释，那就是手工业者接受订单再生产，或者把剩余产品拿到市上卖。商品生产的部分即以他们生产劳动的一半作为基础成立。简单说，最初平安京的城市功能是以官厅衙门为中心的，仅有一点点互通有无的交换功能；然而在城市功能发展变化的过程中，商品生产功能占了经济总体的一半。

后来手工业者逐渐自立，专门从事商品生产，也有人开始自主经营，工匠有了自己的商店，商住一体。过去贵族寺庙、神社属下的人只能进贡以确保身份（如寄人、供御人、神人、杂役），而这时他们成为御用商人，以承办商的身份提供商品满足贵族的寺庙、神社的需求。例如，平安末期后白河法皇到一个泥金画的画师家去参观，详细了解了产品的制造过程后订购了产品。法皇回到自己住所之后又改变了主意，编了个理由把货退了。这个故事让我们了解当时的情况，工匠已经有自己独立的作坊开展事业了。

下边的町

平安京的城市功能和经济生活以七条的市为中心运行，繁华的商业街也逐渐移到七条町。所谓七条町就是横向的七条大街和纵向的町街的交叉处，町街就是今天的新町大街。原本"町"这个词的含义是条坊制的方形的房屋用地，不知从何时起开始意味着商店街一类的繁华场所了，还是用以专指中间为道路、两侧为商家的形态。新町大街最北端是修理职町，后被省略为町大街。修理职（町）听木工寮指挥，按照现在的说法，木工寮相当于建设部（国土交通部）。平安京的町也是从建筑业起步的，木材等建筑材料从淀津运到岸上或者利用鸭川运来，也有从丹波经过桂川转运到堀川来，然后通过町大街运到修理职町。后来木材改在五条上岸，五条的堀川遂建立建材市场。

我们已经提及 10 世纪后半叶的《蜻蛉日记》，作者藤原道纲母在谈及丈夫新情人时叫她"町小路的女人"，这是文献中首次出现有名字的町。町大街的繁荣带来了京都城市的发展。不仅如此，全国城市的繁华街市都被叫作町大街了。

也许是因为各肆手工业者移居而来，七条町成了金属工匠的集居地。根据考古发掘，这附近发现了金属工匠的作坊遗址，平安中期的《新猿乐记》一书虽是虚构作品，其中有一个登场人物——铁匠金集百成，他是七条南的一个保长，手艺很棒，既会打铁，还会铸造和进行金银器加工。历史上实际留存的文件纪录里，藤原道长的跟班里也网罗了七条的工艺品工匠，给他壮门面。（出自《中外抄》《中右记》）

平安末期町大街发展更盛，三条町和四条町越发繁荣。1121 年（保安二年），四条町突然开办辻神的祭祀仪式，场面极其华丽，后以淫祀^①之名遭废除。七条市场有市姬神社，四条町居民也难免想要自发进行祭祀活动。据说，平家驻扎在六波罗⁶时，三条町、四条町略显萧条，七条町却很繁荣。后来七条町遭到检非违使进驻，繁荣重回三条町、四条町。在《古今著闻集》里有一个段子，镰仓花山院家的仆人用赌博赢来的钱奉纳给寺院才得以出家，出家后在四条町念经半个月，在七条町念经半个月，念经地点都是在商家屋顶。和尚出家不仅需要金钱，这笔钱还是赌博赚来的，真可谓是市井的隐士。

---

① 指不符合礼制的祭祀，包含越份之祭与未列入祀典之祭两种。

南北朝时期，专营棉花的棉座从属于祗园神社，设在三条町、四条町，他们与从属于内里驾舆丁（抬轿人）的七条町町人联合起来垄断了町大街的棉花买卖，并就贩卖权与走街串巷的行商反复打官司。他们自称为"町人"，与行商小贩有所区别。顺便一提，走街串巷的小贩里女性较多，她们被叫作"巾着女"（戴棉布缝制的帽子的女商贩）、"柿宫女"。从平安后期到镰仓时期直至南北朝，京都最繁华的地方还是町大街，充满了大小商人的争斗。

棉座商人已经自称"町人"，表明当时商户已经组成了"町"共同体，其成员就是"町人"。这一点后边章节还会提到，重要的是早在平安时代已经有了以町（居住地）为前提、居民为成员的共同体。《今昔物语集》里有一个故事，幼儿偷吃了自己家的瓜，父亲和他断绝关系。父亲请来了町里的忠厚长者立下字据，如果将来孩子长大成为强盗，家长要免于连坐。这个故事原型具体来自哪个町不甚明晰，但肯定属于商业区下边町。平安末期的町还是指四方形的居住空间，不是指大街两边有商家的街道。这个逐步形成的共同体由町长者领导。

建久年间（1190—1199年），与四条町隔着一条小路的北边六角町有四家卖鱼的商店，掌柜都是女人。她们从琵琶湖的粟津、桥本等地运来鱼在这里卖，后来六角町便专门指代鱼贩所在之地。

这些商人是如何出现在史料中的呢？因为"源平之乱"中，天皇的御膳食材得不到进贡，御膳房规定凡是在三条以南经营蔬菜、水果的商人（无论他从属于哪个显贵）一律要交营业税，交税者就可以算供御人，所以古文书记录了这些纳税者。

这正标志着城市性质的转变。也就是说三条以南可以理解为商业区域了，与二条以北的"上边"官厅区域有所不同。而且原来属于贵族、庙宇、神社的商工业者免于交税的特权被废除了，天皇的官厅具有一律收取他们营业税的权限。以此为契机，各个官厅都争先恐后地开始收取营业税。

比如，大炊寮对米店课役，造酒司对酒厂征税，装束司对于市场上的苎麻商人课税，这就是被显贵瓜分的工商业者再次集中的开端。此后不论公家还是武士政权，都向专制化方向发展。足利幕府对洛中（京都中部）酒屋土仓役施行了征税、织田政权的乐市政策以及丰臣政权乐市、乐座的政策走向都属于征收营业税的性质。

洛中万象

大内曾经这样被讴歌：

> 日本国之内
> 可称名胜所
> 都在我大内

（出自能乐《云林院》）

平安后期，大内成为人们形容的"虎狼之所"，强盗横行。《今昔物语集》里有大内宫女被强盗抢走的段子，到中世大内渐趋荒废，沦落为蔓菁满园的荒凉之地。

11 世纪初的《源氏物语》中有光源氏到五条乳母家去探望，归途见到隐身于闹市角落的女子夕颜，一见钟情的章节[7]。

"将近破晓之时，邻家的人都起身了。只听见几个庸碌的男子在谈话。"

书中描写了下町的样子，邻家传来到地方采购的行商人的谈话，看来这确实是平民区。后来光源氏把夕颜带到类似六条河原院的废墟，听任她死去。可见"下边"分成好几个区域——废墟、商业街、庶民的住宅区。

当然，下边也有烟柳巷。镰仓时代中期弘安七年（1284 年），一遍法师第三次到京都，在空也的市门遗迹处进行踊念佛[8]。这也是市屋道场金光寺（现本盐灶町）的起源。在画卷《一遍圣绘》里可以看到正在舞蹈的一遍法师等人物下方画有市姬神社，其间有大鼓樽，形似游廊的房前有女人正在拉客。这个游廊是配合佛事临时设立的，还是原来就存在已不得而知。画卷左边为堀川，踊念佛的地点位于市姬神社的北边，其间就是烟柳巷。后来，时宗的寺院也经营游廊和茶屋[①]，也许就是其前身。

"下边"的繁荣或许是这一带为京都最南端之故。平安末期有一位八条院暲子内亲王，是鸟羽院与美福门院夫妇钟爱的公主，还一度被推选为女帝，也被赐二条天皇之母的院号，十分有权势。她从双亲处继承来的庄园有 21 所，经过"源平动乱"政情不稳时期后财富仍不断增加，最后拥有 220 所庄园。如她小条院暲子内亲王这一院号所示，她的住宅在八条。这个女院不拘小节，胸襟开阔。有逸闻说她家中满是灰尘难以打扫。她的宫殿，一边为室町到鸟丸，一边到八条的八条坊门，占三个町，分别由女院厅町、女院御仓町、女院御所町构成。

---

① 游廊为得到官府认可的妓院，茶屋为贩卖男色的妓院。

女院逝世后，原来在她家担任过家司的藤原定家旧地重游，看到一派荒凉的景象。他颇有些今昔之感，于是写下日记吐露心声。再往后到镰仓后期后宇多天皇把这块地捐献给东寺，1319年（元应元年）有过纪录说，这个女院御仓町"住着些杂役"。这里一部分成为耕地，也有小手工业者在此散居，还有流浪汉出入。女院御仓町就是现在京都火车站周围的款冬町和梅小路町。

东寺通过后宇多院得到这块地，不知是以得到这块捐赠的土地为契机，还是通过其他的关系，总之东寺有了支配杂役法师的权力，开始组织这些人，组成"东寺扫除杂役队"进行管理。

学者研究被誉为"平安京·花之都"的古代京都环境问题，得出京都洛中和中世纪巴黎一样环境很差的结论。根据考古发掘得知，平城京时期贵族的宅邸里就有冲水式的厕所。平安京曾禁止家庭污水流到户外道路上，从记录看，可以想象到当时京都街巷的光景。平安上流贵族使用的马桶大便容器叫"清箱"，小便的容器叫"虎子"，由专门扫厕所的女子打扫。她们洗完马桶将污物直接倾倒在大街上，加上平民无论男女都随地便溺，道路、侧沟充满污秽、臭气冲天。一旦到灾荒年头，尸横遍野、恶臭阵阵。据《方丈记》记录，养和年间（1181—1182年）的大饥荒里，仅头盖骨就有四万两千三百多个。顺便提一下，宽正年间（1460—1461年）大饥荒，京中尸体就有八万具。

怪不得以天皇为首的上流贵族严格保持清洁，远离污秽与不洁。他们根据大陆传来的"触秽思想"[9]，绝不接触死秽和血秽。这种避讳还警告人们要躲开经常接触污秽的人，这些人在接触污秽之后几天内也要自觉地不与他人接触，可以说是科学不发达阶段的一种不成熟的卫生观，有防止污秽带来传染病流行的作用。

可是这种规定是强迫弱者接受的，统治者把这些人说成很脏的人，给他们起名叫"秽多""非人"，歧视这些部落民。他们把血作为媒介的疾病称为血秽，并加罪于女性，偷换概念变成对月经和生产出血的女性歧视。这给后人留下祸根，也是后来产生很多社会问题的根源。

为了使尊贵的人和神得到保护、远离污秽，在天皇行幸时有隼人在前面吆喝，作为先导赶走污秽；在神出行的时候（如祇园祭祀）有犬神人作先导来处理秽物。在都城这个都市空间，与人们生老病死有关的、必然产生的污秽如何处理成为问题，孕育出更大的矛盾显现在人们面前。

天皇执政政权向武士政权的过渡

因大内里衰败，皇宫甚至成了虎狼之所。平安时代后期，政权所在地和繁华区域都转移至旧平安京下边的七条、八条和鸭川以东的区域。

后三条天皇没有藤原氏外戚关系，他的母亲不是摄关家的女儿，他的登基催生了整顿庄园和制定统一度量衡的改革。其后，白河天皇继承他的衣钵，首先在鸭川东白河（冈崎）地方建立了法胜寺，白河天皇在位 14 年，又作为太上皇、法皇执政 43 年，实际掌权 57 年，独领风骚半个世纪。他让位同时扩大了原来太上皇的家政机关——院厅的权限，开创了院政（太上皇掌握实权）时代。白河院在让位之前在鸭川下游与西国流通据点港湾建立了鸟羽殿，建设宫殿的资金来自诸国长官，还从各地迫使壮年劳工前来服役。白河

第三章　平安京·镰仓时代的京都

53

院政的权力机关设在壮丽的鸟羽院和白河天皇原来御所（六条殿）两处执政地，他本人往复其间。院政的基础是以大江匡房为首的诸国长官，白河天皇曾经一度继承了后三条天皇的新政，以庄园整顿为目标做过努力，但作为政权基础的诸国长官却在用实际行动来加强庄园建设，与天皇不断产生矛盾。所以院政和摄关（藤原）两家的斗争胜负，就看谁能争取到庄园体制的支持了。

白河院的纠结可以从有名的"天下三不如意"故事看出来，世间有三件他所不能掌控的事——一是山法师（比睿山延历寺的僧兵），二是鸭川之水，三是双六①比赛。院政政权不仅有山法师、日吉神人带来的烦恼，南部的春日神人和兴福寺的僧兵也让白河院头痛，镇压僧兵又会促使武士力量强大。"保元之乱"起因于皇位继承的分歧使上皇与天皇对立，兼有摄关藤原家的内部斗争。"平治之乱"是平清盛、掌握政权的藤原信西与源氏家族仅存的源义朝之间争夺主导权的斗争，最后通过武力见分晓。两次动乱均由暴力手段收尾，正如后来僧慈园在《愚管抄》中慨叹的：

> 日出处之国改武家之世

"平治之乱"后藤原信西被杀，成就了平清盛的独裁。传闻平清盛是白河太上皇的私生子，在讲究身份的公家社会，平清盛作为地方武士之首的身世能破例发迹，这一传闻或许功不可没。

平家一门自祖父正盛以来宅邸就建在六波罗之地，原本方一

---

① 双六即骰子。

町，从五条到六条建造了宗家的宅邸。鸭川以东一带的南部为鸟边野，也是土葬和风葬之所，所以此地有管理疫病的神——祇园神社保佑人们的健康。具有墓园性质的寺庙珍皇寺和六波罗蜜寺也在这里，亦有不少贵族将别院建于此处。可以说，平清盛是在平家势力范围的所在地区成长起来的。

据《平家物语》，清盛的祖父正盛在六波罗建起平家主宅，忠盛在这里出生。《源氏物语画卷》虽是虚构的，但画卷里的四丁町却有着现实原型——平家宅邸。平家全盛时期以清盛住宅为中心，平氏家族同族、亲戚、郎党的住房就有3200间。有传，现三盛町（旧泉殿町）是平清盛家宅中泉殿的所在地。这里的正盛堂常光院曾上演八女田乐，为高仓天皇中宫（即平清盛的女儿平德子、安德天皇母后）祈祷平安生产。平清盛的弟弟平赖盛所居住的池殿（现池殿町）地处其兄宅邸南侧，两殿规模相仿。这里也是清盛的继母（赖盛的亲生母亲）池禅尼的宅邸，高仓天皇于此驾崩。1183年（寿永二年），平家主宅随平家灭亡被烈火焚毁殆尽。

平清盛在西八条还有一处宅邸，据《拾芥抄》的附图，与伯母（即养母）祇园女御的宅邸正对门。平家垄断朝政之际，过去寂静的"下边"七条一带很是繁华。

源氏的子孙——源为义、源义朝曾在六条堀川建有宅邸，《保元物语》里讲到源为义的妾室——长者大炊之女——美浓青墓宿游女也住在六条堀川，她的幼子乙若等四人被杀害的悲凉故事亦发生于此。她的妹妹延寿是源义朝的妾室，育有一女名夜叉御前。源家变故时此女刚刚十岁，因是女性而未遭戕害。后母女二人回到美浓国，延寿继承其父名号大炊，成为青墓的长老。源赖朝上京途中经

56

过美浓，还去拜访过她。

故事说到这里有点前后颠倒了，在平家全盛、源氏没落时，源氏的六条堀川宅邸是什么样的呢？总之，源义经到京都后重新修建了六条宅邸，直至建长年间（1249—1256年），美浓青墓的游女延寿还住在这里。

源义经是否为源义朝妾氏延寿的子孙呢？

源氏的"东厂"
——六波罗探题 [10]

源氏消灭平家取得政权、建立镰仓幕府，源义经就起居于六条堀川的源家旧邸。源赖朝得到平家位于六波罗的土地后于火焚后的废墟上修建宅邸，命名为六波罗新御亭。池禅尼对幼年源赖朝有救命之恩，他便留了平赖盛一命，将他软禁于池殿，由此才在废墟上修建了御亭。他任命妹夫一条能保任京都守护，驻扎京都，但火灾后京都并未复兴。

1221年（承久三年），也就是"承久之乱"后不久，镰仓幕府撤销了京都守护这一职务，在南北两个六波罗府分别设官员进行管理，官名后来人们称为"探题"。北条泰时和叔父北条时房为镇压动乱来到京都，分别担任北殿和南殿的探题职务。北殿是朝廷拨给源赖朝的六波罗新御亭属地，位于五条、六条坊门（现五条大道）；南殿从六条坊门始至六条末（现正面大道），位于大和大路东侧。

六波罗探题的职务，一是作为幕府执政的耳目爪牙监视朝廷，保护武家的安全，二是维持京都治安。1238年（历仁元年），京都设立四十八守卫室，因夜间要点燃篝火而被称为"篝屋"。它不仅管理治安，还具有行政诉讼等功能。

《二条河原落书》写道：

> 每町必设篝屋荒凉五间板三枚 幕府走狗到处巡　人数多如银鱼群[①]

据文中所述，可以推测篝屋或许和当代的派出所一样。京都的检断（警察裁判权）一向属于检非违使厅管辖，虽然此时使厅依然存在，但近乎有名无实。六波罗灭亡后，在后醍醐天皇时期，检非违使厅的权力又逐渐加强。

六波罗探题的职务不仅限于此，他们还作为幕府在西日本（九州除外）的常设行政机关，可以行使裁判权。从镰仓中期起，探题的权力日益增强。

镰仓幕府勉强击退蒙古人的进犯算是功劳一件，但元朝带来的危机感和筹集军费等重压使时代迫近末世之景。自蒙古人来袭后，《八幡愚童训》[②]等排外的神国思想更加严重了。幕府德宗系[③]的专制化及其与朝廷两统迭立的争端等，使得日本彻底呈现出末世景象。后醍醐天皇击败幕府的基础正是在此背景下。

经“正中之变”（1324 年）、元弘元年（1331 年）变乱，后醍醐

---

① 原文为：町ゴトニ立篝屋ハ荒凉五间板三枚幕引マワス役所鞆其数シラズ満々リ。

②《八幡愚童训》即镰仓时代中后期叙述八幡神灵验神德与石清水八幡宫的缘起的文件，也是记录蒙古进攻日本的重要文件。

③ 德宗系为镰仓幕府时代由豪族北条氏所统领的德宗家系，且不论其所占有的仆从、领土及家政机关，该系还大量占据诸国守护职、六波罗探题等幕府要职。

天皇舍弃了京都逃到笠置，幕府六波罗进攻山门（比睿山延历寺）。天台座主尊云法亲王（护良）和尊澄法亲王（宗良）守护于此，战争开始时山门方面占据优势，可惜最终依然被攻陷，护良、宗良两位皇子逃往大和。不久，（幕府）关东的大军启程出发，天皇被捕退位，遭流放至隐岐。

后醍醐天皇得到以楠木正成为首的畿内豪族势力和寺户西冈的农民武装集团的支持重整旗鼓，赤松园心和伯耆的名和长年也举兵。后醍醐先帝从隐岐逃出，六波罗又攻打楠木所在的河内地方。幕府三次派出大军，最后一次大军的总大将之一足利高氏（尊氏）谋反，倒戈后醍醐天皇攻打六波罗，镰仓幕府就此倒台。

镰仓新佛教诸宗

临济宗禅的传播者荣西和曹洞宗的道元，给日本带来了真正的禅。

荣西是备中国①吉备津宫的神官之子，他不满足于在延历寺学习台密，曾两次到宋朝学习临济的禅并传播。荣西所著《兴禅护国论》回应南都（奈良）和北岭（比睿山佛教教派，特别是兴福寺和延历寺）诸寺的批评，主张宗教界革新、强调戒律的重要性。这当然引起了镰仓幕府的注意，荣西被北条政子邀请至镰仓，带来镰仓五山的繁荣。因为将军赖家把京都的土地捐赠给寺院，荣西又得以建立了密宗与禅宗相结合的山门末寺——建仁寺，临济宗由此扎根

① 古坟时代原为吉备国，律令制时代（7世纪后期）分裂为备前、备中、备后三国，从属于山阳道。

于京都、镰仓两地。重源①死后，荣西继承了东大寺的大劝进一职，发挥其劝进僧的能力重建了法胜寺九重塔。

其后，元尔弁元②效法荣西，前往大宋师从无准，他也坚持"密禅一致"的立场。待元尔回到日本，九条道家皈依于其宗门之下，并给予元尔弁元支持。九条家将其别邸舍宅为寺，元尔便以开山鼻祖之名建立了东福寺。东福寺模仿了宋朝僧人无准的天目山径山寺，命名各取东大寺和兴福寺一字，有合二为一的含义。直到现在，该寺的通天桥还是观赏红叶的好地方。

后来成为五山之一万寿寺，原是为了悼念21岁就逝世的美丽公主郁芳门院媞子的，她父亲白河上皇将她生前的居所六条内里舍宅为寺，叫作六条御堂。它原本是净土宗的寺院，后来住持觉空皈依元尔把它改为禅寺。

南禅寺先前是龟山法皇的离宫，法皇捐出后变成禅林禅寺。龟山法皇为感谢东福寺三世和尚无关普门镇住了他离宫的妖怪，捐出离宫并请无关普门来当开山祖师，自己也皈依佛法成为其弟子。后来，宋朝的台州僧人一山一宁持元朝国书来到日本，被当作南禅寺三世请去坐镇，他与南禅寺二世共同将宋朝独有的纯粹禅引入日本，乃至决定了日后的禅宗发展方向。因纯粹禅在日本仍不被接受，大陆僧人兀菴普宁对于日本兼修禅的倾向十分失望并回到宋朝，京都五山派在兰溪道隆、大修正念、无学祖元、一山一宁等宋朝僧人的影响下兴盛。

曹洞宗的僧人道元将纯粹禅引入日本的时间比他们更早。道元

① 重源（1121—1206），净土宗僧人。

② 原文为：円爾弁円。

的父亲——权臣源通亲是反幕府权力的中心，母亲是摄政关白藤原基房（松殿）之女。三岁时其父逝世，八岁时其母逝世，道元由兄长抚养长大。他在比睿山出家得度，1223年（贞应二年）前往宋朝。道元归国后进入建仁寺，因不满过于华美的寺院，离开建仁寺前往位于深草的极乐寺别院——安养寺落脚。正觉禅尼等人尊敬道元僧人，便从经济上支持他，在极乐寺的废墟上盖起了兴圣宝林寺。据说，该寺地址即现今深草山宝塔寺所在地。道元想在这里过一种宋朝式的禅林生活，但他后来遭比睿山弹劾，兴圣寺被破坏，只好在越前的永平寺落脚。道元因为严格修行而患病回到京都，54岁就去世了。其遗骸于东山火化，据传就是现在建有荼毗塔的地方。

镰仓末期以自然居士为首，放下僧（身份卑微的艺人）群体受到民众的追捧与皈依。《天狗草纸》一书中"一遍和尚"（后边还要涉及）条目之后谈到自然居士，文中是这样形容他们的：

> 号称放下的禅师梳着大背头戴着漆黑的帽子，早已忘记坐禅的地板在南北大街上敲打着箆（类似马桶刷子的法器）走街串巷；破窗而出不坐禅，在东、西之路上大放厥词。

自然居士被人们嘲笑为"自然乞丐"。自然居士也是放下僧和箆念经师的老祖宗，被称为"箆太郎"。1294年（永仁二年），根据山门的指示，箆太郎和他的同党梦次郎、电光、朝露等以"京都异类、异形之辈众多，这是佛法之灭相"为由被驱逐。

自然居士不是破戒僧，他们是居住在云居寺和法城寺等寺庙的居士（即在家修行的皈依者），也是南禅寺开山鼻祖无关普门的弟子。自然居士既是大彻大悟的禅者，亦是能将庶民作为对象深入浅出地讲说佛法的人，所以受到大众欢迎。他们不仅成为延年风流[①]的题材，室町时代祇园祭祀的游行戈山里也有"自然舆"。观阿弥创作、世阿弥改编的能乐《自然居士》中讲到一位孝顺的小姑娘卖身超度双亲，她拿卖身钱买女便服作为施舍物送给寺庙。人贩子抓去小姑娘，自然居士为了救小姑娘追上人贩子的船，在人贩子的嘲笑下敲打羯鼓、摇着筬、跳着曲舞，把小姑娘解救出来。还有一个剧目叫作《东岸居士》，讲东岸居士在五条大桥上化缘的故事。五条大桥本身就是由自然居士化缘建造的，弟子东岸居士通过歌舞表演来为建桥化缘。他们虽然是在家修行的居士，但拥有众多信徒。如同能乐中表现的那样，他们做了许多善事——架桥修路和兴办社会福利事业。

平安中期起，净土宗繁盛，净土宗宗祖法然和尚源空开辟了专修念佛之道。法然是美作地区的豪绅之子，曾经去比睿山修习天台教学，18岁皈依佛门进入西塔的黑谷别所。他在嵯峨的清凉寺释迦堂闭居斋戒，治显密之学，被称为"智慧第一的法然和尚"。所谓天台宗的念佛是观想念佛，如惠心僧都源信的《往生要集》里所示，用念佛的形态来表示天台宗止观。法然对此深表疑问，他受唐朝善导的影响，把"舍去诸形，不舍念佛"的教诲叫作"正定之业"，他认为称名念佛才是往生净土的正道。下山后法然最初在西山粟生的寺院（现在的光明寺）设立庵室，过了不久就移到东山即现在的知恩院御影堂一带。

---

① 延年风流原文为延年風流，延年是延年舞的略称，兴起于平安中期，繁盛于镰仓·室町时代，属寺院艺术的一种；风流为延年舞剧目的一种。

显密的学僧里也出现了关心法然宗教学说的人，其中显真（后来成为天台座主）在大原召开的讨论会被称为"大原谈义"。现在，大原还存留着遗迹——法然坐过的石头。可是山门仍旧认为法然是异端邪说，猛烈地攻击他。1204年（元久元年），法然提出"七条制诫"来规范弟子，有190人在这个文件上签名，年轻的亲鸾也在上面署过名。可是来自南都北岭（南部的诸寺和比睿山）的旧佛教势力对法然的攻击十分激烈，弟子中也有人说他是"借专修之名假托本愿，结放纵之绳成为顿悟"。原关白的九条兼实皈依法然，而且当了他的后台。法然的弟弟天台座主慈园在他的著作《愚管抄》里写道：

> 哥哥说，如果成为喜好女人、吃荤腥（鱼、鸡）这种行者，阿弥陀佛都不为难他。只要入一向专修，相信念佛，最后确实会得到阿弥陀佛的来迎。人虽在京田舍也都会如愿。

趁后鸟羽上皇到熊野神社去的时候，他院里的宠姬伊贺局（白拍子舞女龟菊）时时带领众女官外出至遵西和尚和住莲和尚处结缘留宿。后鸟羽上皇十分生气，判遵西、住莲死罪，流放已经75岁的法然到土佐，流放其主要弟子，公然娶妻的亲鸾也被流放到越后，史称"承元法难"。

四年后，即1211年（建历元年），法然被赦免回到京都。他寄身于慈园和尚处，借住在大谷的禅房，翌年80岁圆寂，圆寂地点就是今势至堂所在地。法然死后15年，"嘉禄法难"再起，旧佛教势力又开始了对净土宗的镇压。延历寺众僧将法然的墓堂毁掉，还准备把他的遗骨扔进鸭川。法然的弟子和信徒保护了他的遗骨，并将其在西山光明寺火化。

法然弟子之一的亲鸾据说出身日野家，九岁拜慈园为师出家。他在比睿山担任堂僧修行达 20 年。1201 年（建仁元年），亲鸾下山住进六角堂。梦中，亲鸾得到圣德太子启示，让他到法然上人那里拜师，成为专修念佛者。他的决心很大，表示即使被法然欺骗入地狱也绝不后悔。"承元法难"中，亲鸾受连坐被流放到越后，据说那时候他已经结婚。妻子是三善为教之女，名惠信尼。亲鸾被赦免后没有回京都，而是搬到常陆继续宗教生活。他回到京都时已经 58 岁（一说是 63 岁）。1262 年（弘长二年），直至 90 岁圆寂，亲鸾都专心于著述。

那时，惠信尼在越后，他们的女儿觉心尼把父亲临终情形写在给母亲的信中，这封信还留存于世。1272 年（文永九年），觉心尼将父亲的遗骨改葬于吉水北边家传的墓地，盖起了佛阁和御影堂。她把这块墓地捐献给门徒，作为门徒共有之地，觉心尼的子孙担任庙所留守职务代代相传。这就是本愿寺的起源。

另外一派佛门——时宗的一遍上人智真诞生于伊予国的道后之地，父亲是豪族河野氏，他 10 岁出家，在九州修行 12 年。1274 年（文永十一年），智真抵达畿内，从四天王寺始途经高野山，前去参拜熊野神宫。智真在熊野神宫本宫的证诚殿休息时入睡，梦中，熊野权限[1]以白发的山野修行僧面目出现，他打开御殿的门说："请把这些护身符发放出去吧，不用选择信与不信，也不要忌避净与不

---

① 原文为权现，指佛·菩萨垂迹，以日本神的姿态化身显现。

净。"一遍上人由此顿悟，毫不犹豫地给所有人发放护身符，护身符上面写道"南无阿弥陀佛———一定往生六十万人"。后来，智真与弟子分开，独自前往京都，《一遍圣绘》中描绘了一遍一行人出行的见闻。再后来，一遍和尚回到伊予。1279 年（弘安二年），再度访问京都的一遍上人又有一段传奇：他前去因幡堂，但是没有得到住宿的许可，只好睡在房檐下。这个寺庙的住持在睡梦中得见大殿供奉的主佛药师如来现身，对他说："稀客来了，应该好好招待他。"于是住持连忙半夜把他请进屋里。1284 年（弘安七年），智真第三次从近江国关寺进入京都，在四条京极的释迦堂做念佛踊。据说，当地不分身份贵贱，男女老少都涌来释迦堂，场面十分混乱。释迦堂一带也就是后来由佐佐木高（道誉）捐献土地修建四条道场———金莲寺的场所。

一遍上人后来移居因幡堂，巡礼三条悲田院、莲光院、云居寺、六波罗蜜寺等庙宇，在空也的东市遗迹设踊屋，做念佛踊法事。《一遍圣绘》中描画了显贵的牛车成列、庶民群集的热闹场面，与释迦堂念佛踊的盛况一样。如前所述，七条大路以北、堀川以西是旧市的遗址，史称"市屋道场"。空也入驻后，市屋成为供奉药师的寺庙，住持唐桥法印皈依一遍和尚，号称"作阿上人"。自空也后，该庙与市姬神社的关系越发密切，《一遍圣绘》中踊屋的北侧便画有神社的鸟居。中世，神社归金光寺管理，七条堀川小路的西北角设有市姬金光寺。不过丰臣秀吉将市姬金光寺移至下京区本盐灶町，后来它便一直在那里。

时宗的寺院还有市屋道场不远处的七条道场金光寺，七条道场得到七条佛所众人的支持，也常与市屋道场混淆。《一遍圣绘》的作者圣戒，据传是一遍和尚的儿子或是弟弟，他所建造的六条道场欢喜光寺原址位于六条河源院旧址。犯人处刑前，和尚要在六条东洞院为其进行十念。1552年（天文二十一年），因为寺院荒芜，六条东洞院转移到中之町的金莲寺北、锦天满宫南的高辻乌丸，后又迁至山科大宅。

一遍上人圆寂之时，最繁盛的念佛宗就是时宗。可是一遍圆寂数年后出版的《野守镜》和《天狗草纸》则把踊念佛视为怪异的行为，还描写信者将"天狗的长老"——一遍和尚的尿当作灵丹妙药。这些书的作者可能是贵族或者是贵族出身的僧侣，因为时宗是很受底层民众支持的教派，影响很大。

旧佛教的再生

源平之争造成天下大乱，许多神社、庙宇荒芜。神寺的复兴成为纷乱后的重要问题，其中最为重大的事件莫过于俊乘和尚重源复兴东大寺。复兴东大寺的费用由化缘而来，三度入宋的重源被任命为大劝进。他手推独轮车在洛中化缘，据说不仅是显贵，就连庶民也捐了零钱。西行法师甚至到陆奥平泉的藤原家祈求募捐，他们不仅重修神社、庙宇，还整修道路、港湾、兴建灌溉工程，可以说他们是社会福利事业的先驱，带动了后来的叡尊等律宗的僧侣致力于社会福利。

文觉被称为武艺高强的武和尚，他重新修建了神护寺，即东寺。为重建神护寺，文觉和尚进入后白河院法住寺大殿化缘，其行被罪为无礼遭流放至伊豆。《平家物语》中，他劝源赖朝讨伐平家的故事颇为有名，源平之争后，他得到源赖朝的大量资助。虽然再建的神护寺十分气派，不过后来又遭火灾，神护寺现存最古老的建筑建于桃山时期。文觉修复东寺后，又靠播磨国的资助修复了大伽蓝，"应仁·文明之乱"里神护寺大部分被烧毁，只留下了莲华门和东大门。

与重源、文觉通过化缘行善开展宗教运动不同，明惠和尚（高辩）依靠修行与教学理论显露头角。他父亲是武士所的武士，母亲是纪州汤浅家的女儿。因叔叔是文觉的高徒，明惠得以进入神护寺修行。1206 年（建永元年），明惠从后鸟羽院领受拇尾之地，建立高山寺作为振兴华严宗的道场。明惠和尚憧憬释迦的遗迹，甚至打算去印度，他在寺庙内模仿印度的遗迹设了绳床树和定心石，境内的石水院是后鸟羽院把自己的别邸捐出来而修成的。石水院的样式是单层入母屋，用柿木板修葺房顶，为镰仓初期的寝殿造建筑①。《明惠上人树上座禅像》有明惠的亲笔赞颂文，写实地反映了明惠的日常生活。据说明惠是建礼门院的戒师，九条道家、西园寺公经和藤原定家等显贵都信仰他的宗派，承久之乱以后，过去跟随朝廷方面的诸人获罪，其妻妾亦纷纷出家，她们都被明惠剃度为尼。

俊芿法师重视戒律，且像重源、文觉那样进行化缘。俊芿法师是弃儿，因而起名为不可弃法师。他曾去宋朝研究律，带着很多经书律典回到日本。为了再建泉涌寺，俊芿法师写了许多文章化缘。据说其文章和书法惊动了后鸟羽院，后鸟羽院遂捐给寺院准绢一万匹。四条天皇后，历代天皇的陵多在泉涌寺。

律宗的叡尊以大和地方为中心十分活跃，他在京都西京松尾的

① 寝殿造建筑为平安中期形成的贵族住宅形式，中心为被称作寝殿的主屋，东方、西方、北方为对屋。

叶室之地草创了净住寺。叡尊复兴了律宗，把土木事业、救济非人[11]等事业关联起来，处理得很好，他让非人从事土木建设、送葬、尸体处理，力说文殊菩萨化身为非人乞丐现身，还进行非人供养。1275 年（建治元年），应清水坂非人村落首领邀请，叡尊还到大和、纪伊等地去给非人授戒。他先坐船到山崎，然后到达净住寺，两天后到达清水坂。下文还会谈及清水坂的非人供养。

叡尊祈愿不要杀生，他对以杀生为业的打渔、屠宰等行当的人很严厉。修建宇治桥时，叡尊请下太政官的符禁止渔猎，把宇治川上捕鱼的篓子破坏掉以禁止打渔，至今宇治的浮岛上还留有 13 层的石塔作证。

京都郊外（洛外）的名胜古迹

视野转向京都郊区，因显示时代变迁的古迹和所处地域有所交叉，所以就先从最古老的太秦开始，然后按顺时针方向逐一观察京都郊区的名胜吧。

秦氏的据点
——大秦广隆寺

平安时代之前，嵯峨野太秦之地是秦氏的据点，如前所述，传说连太秦这个地名都是有讲究的，那是朝廷赐给他们的姓。而且广隆寺是秦氏的家庙，日本头号国宝——飞鸟时代的弥勒佛也是秦氏家庙里的文物。

蜂冈寺既是"葛野的秦寺",也是广隆寺的前身,其故地九条河源里,至今仍有川胜寺这一地名留存。根据863年(承和三年)的《广隆寺缘起》所云,该寺因空间狭小搬迁至五条荒时里。那就是现在广隆寺的所在地。其后该寺时常遭遇火灾,在1150年(久安六年)那次火灾里庙宇被焚毁,佛像幸免于难。

据《广隆寺来由记》里记录,广隆寺的主佛有三尊:金铜弥勒菩萨像、金铜救世观音像、檀像药师如来像。前两者与圣德太子赐给秦河胜的弥勒菩萨像相吻合,《广隆寺来由记》里谈及两尊佛像——一尊是百济国传来,另一尊是新罗传来。《续古事谈》里也有记载,"此寺的主佛是百济国的弥勒",主佛原本是宝冠弥勒,不知何时竟然被人们称为百济国传来的金铜佛了。还有一尊称为"哭泣的弥勒"的"宝髻弥勒半跏思维像",也被俗称为金铜救世观音像了。

平安时代,1014年(长和三年)安放的"檀像药师如来"就是现在的日本国宝"木造药师如来像",因为三条院闭居在寺院中斋戒祈祷,又有很灵验的传说,所以贵族们争相来朝拜。清少纳言也在参拜佛像的归途中到附近的田埂观看割稻。

考古人员在原广隆寺内的池中岛——弁天岛——顶上挖掘出了十几个经冢,虽然估测是建于平安后期,但也有平安前期和中期的瓦片,考古中还发现了宋钱50枚,可想当时该寺应有很多信徒。

广隆寺的内院桂宫院是八角形的圆堂,相当于法隆寺的梦殿。院内有镇守的大酒神社,现位于广隆寺东,是寺院的伽蓝神。延喜式内社记录,葛野郡的20个神社中,它被称为"大酒神社(原名大避神)",亦称"大避""大裂"。传说秦氏的开拓地在播磨国矢野庄，那里也有大避神社，被公认为秦氏祭祀的神社。

正殿祭祀的是秦始皇、弓月君[13]、秦酒公，配殿祭祀吴织和汉织。为什么祭祀秦始皇呢？平安初期，秦氏变更了自己来自朝鲜半岛的说法，认秦始皇为祖先，说他们是秦灭亡以后渡海来到日本的，采取了"秦朝遗民"的说法。寺院的祭礼有"太秦的牛祭"，每年10月12日（旧历九月十二日）广隆寺选五名僧侣戴异形的面具扮作神，其中一位是摩多罗神，他乘牛而来，余下的四位扮演四大天王，手持松明守护在他周围，主祭在庙宇境内巡视一遭后在祖师堂宣读祭祀文，是中世纪类型的祭典。

别殿祭祀的吴织和汉织是指传说中从朝鲜半岛带来了纺织技术的女性，被称为女神。这和中世纪、近代以来京都的丝织产业发展不无关系，能乐剧目中亦有世阿弥创作的《吴服》。说起来，与丝织品的原料生丝蚕茧有关的"蚕神社"——木岛神社就在太秦的东边（太秦森东町）。根据传承，是秦氏把养蚕技术带到日本的。可是延喜式内社却记载为"木嶋坐天照御魂神社"。公元701年（大宝元年），木嶋神的神稻和葛野郡的月读神、桦井神和波都贺志神一起被赐予了中臣氏。正殿右侧有"养蚕神社"，与这一因缘有关，说它是"蚕的神社"也更合适。

《梁尘秘抄》中有这样的歌：

> 金色御岳天下第一，
> 金刚藏王、释迦、弥勒，
> 稻荷、八幡、木岛神社，
> 鲜有无人参拜的时候。

我来到太秦的药师像下，

不断地流连，

频繁地停留在木岛之神像前。

　　经冢也好，弥勒也好，药师也好，无不与广隆寺有关，它们是平安后期最受信仰的佛。同样，木嶋神也集结了许多信徒，是拥有奇妙威能的神。

一条还阳桥和阴阳师渡边纲的故事：茨木童子

　　从太秦向东北方向，沿着一条大路向东走，可见堀川上的一座桥——一条还阳桥。为什么叫这个名字呢？在京都的传说中，许多是有关著名法师净藏贵所的灵异故事。一次净藏贵所修行回来，正好遇见一队人给他父亲文章博士三善清行送葬，他祈愿叫回父亲的灵魂从而使父亲还阳，故此桥得名还阳桥。桥是通往墓地的必经之路，才产生这样的传说吧。

　　其后的岁月，茶人千利修得罪了丰臣秀吉，他首级的木像也在这座桥上示众。据说，江户时代的罪人斩首前在市里游街时，也允许在桥上供奉鲜花和年糕。

　　其他还有鬼故事《茨木童子与渡边纲》流传。渡边纲是源赖光家臣中的"四大天王"之一，他在这座还阳桥遇见幻化成美女的鬼女，将鬼女的手臂用刀切断。鬼女本体是名为茨木童子的鬼，后来鬼女化作渡边纲叔母的模样将断腕取回。[14] 这一说书故事很有名，后来也成了歌舞伎的一个剧目。和一条有关的另外一桩歌舞伎剧目——《义经千本樱》里的主人公阴阳师鬼一法眼也是《义经记》

里的源义经的师傅，他就住在一条堀川。这座桥的"桥占"（站在桥的旁边听来往之人的话语，从而进行占卜吉凶）也很有名，1150年（久安六年）的《台记》中亦有记载。镰仓时代的《源平盛衰记》里，安倍晴明驱使十二神将化身为十二个精灵（职神），让它们藏在桥下做桥占。《今昔物语集》中说安倍晴明的宅邸就在桥附近，遗迹还留有祭祀他的晴明神社。自然居士居住的法城寺，即鸭川五条桥的中州存有晴明冢，又据传东山区本町有晴明冢，现已无可考。传说中，晴明治水有功，上述场所聚居了很多阴阳师，可以窥见这里是能乐、说唱等民间艺术的温床。[15]

北野·千本阎魔堂·今宫神社

稍向西走就到了北野，它在平安京大内里的北边。公元承和元年（836年），朝廷派出遣唐使时在北野举办过祭祀天神地祇的仪式。元庆年间（877—885年），藤原基经为祈愿丰年祭祀过雷公，在被用作祭祀菅原道真之前，这里曾经是祭祀天神和雷公的场所。因为人们相信菅原道真的怨灵作祟降灾于政敌藤原时平，选择这样的地方来祭祀菅公可谓选对了地方。有记述道真的怨灵作祟是道真死后20年——923年（延喜二十三年），可是他的政敌时平在909年（延喜九年）就死去了。据《日本纪略》记载，时平的女婿——皇太子保明亲王年仅21岁就逝去，据说也是道真灵魂的宿怨造成的。朝廷翌月下令恢复道真的官职本官右大臣，宣布左迁诏书作废。闰四月，朝廷因淫雨和疫病将年号改为延长。925年（延长三年）流行天花，皇太孙庆赖王，即时平的外孙五岁夭折。930年（延长八年），发生了有名的大内落雷事件，公卿们死去，醍醐天皇受到冲击罹患咳病，三个月后驾崩。

987年（永延元年），朝廷首次公祭道真。据《菅家御传记》所引《外记日记》的记载，祭祀地点在北野圣庙。942年（天庆五年），住在右京七条二坊十三町的多治比文子接受了天神（道真）降下的神谕，说是要在北野的右近马场祭祀他。头几年，文子在自己的家里祭祀，五年后才移至北野。再过数年，天神（道真）又通过近江比良宫祢宜神官良种的儿子、七岁的太郎丸降下神谕。太郎丸的父亲良种和朝日寺的最镇和尚策划建立了北野寺，这些都写在最镇的《最镇记文》中。后来，时平的外甥藤原师辅又加盖了殿堂献上神宝。

多治比文子的故居遗址在下京区天神町，至今仍存有文子天满宫，文子的子孙是北野神社的旧社家——上月家，代代由女系继承，一直到明治初年，她们都在天满宫当巫女，名字也因袭文子。

后来把菅原道真叫作日本大政威德天，据说醍醐天皇死后坠入地狱。还有一个故事说道真自己去访问天台座主遵意，希望不要给他做进行加持祈祷，可是遵意不同意，于是天神（菅原道真）就口含石榴向旁门吐去，结果喷出的都是火焰。能乐中，石榴天神的故事就是剧目《雷电》表现的主要内容。

至今，人们读起《菅家文草》《菅家后集》的诗文依然十分感动，特别是左迁到太宰府后他写的《菅家后集》常让人边读边掉泪。由于平民同情在政治斗争中牺牲的人物，才用无言的抗争编出菅公的传说来。

从北野再往北行有一个引接寺，俗称千本阎魔堂。这个寺院当时位于坟地（莲台野）当中。引接寺开山始祖是定觉上人，他是惠心僧都源信的弟子，在平安中期草创了这个寺院。据镰仓末期的书籍《野守镜》记载，定觉上人模仿惠心僧都的二十五种正定（一心不乱），从莲花化生的角度给周围的土地起名为莲台野，并发誓说，"无论是谁，只要在这里买墓地，死后一定会被阿弥陀佛接引到极乐世界"。此处后来衰败，到镰仓中期的文永年间又复兴。室町时代，千本阎魔堂因为有春季大念佛狂言又热闹起来，当时狂言演出在三个寺举行——壬生寺、释迦堂和该寺。千本阎魔堂的狂言似乎还有脚本和台词，该寺有名的镇花念佛法会休息的时节，会上演狂言。

提起镇花祭，紫野的今宫神社"安息花会"最有名，举行于樱花凋谢时分。今宫神社在船冈山北，原是疫病流行之际举办御灵会的场所。据《日本纪略》记载，1001年（长保三年），为在紫野举办御灵会祭祀疫神，宫内司修理职的工匠建三宇神殿、内将寮作神舆，人们将这个神社称为"今宫"。此后，御灵会既称今宫御灵会也叫紫野御灵会，并作为官方祭祀确定下来。

平安末期的1154年（久寿元年）有记述：

近日，京中儿女具风流，调鼓笛，参紫野，世称夜须礼，有勅禁止之。

——《百錬抄》

当时，安息歌舞这种风流[16]兴起一阵，后遭禁止，《梁尘秘抄口传集》中（卷十四）写道：

那歌既不是当世风格的，也不是乱舞之音，亦非快节奏的神乐歌的副歌，众人齐声欢唱，其声不堪。把风流花撒在伞上，让儿童穿上小狩衣（后襟比前襟短），胸前背羯鼓，数十人合着拍子模仿着乱舞。还有号称"恶气"的人装扮成鬼，头上垂着红色的穗子，戴着雅乐的鱼口形状的贵德面具，模仿十二月粗暴凶猛鬼的狂呼乱叫，他们表示尊敬神社，在神前数度转圈。

记述得活灵活现，读来仿若亲眼所见。

现在，每年4月的第二个星期日，今宫神社依然会举行安息花会的祭礼。由头戴红色假发的十五六岁男孩子舞蹈的祭礼场面十分风雅。镇花祭祀从平安时代起延续至今，这是很稀有的。据河音能平先生研究，1152年（仁平二年），以发起保元之乱（皇室内讧）而闻名的藤原赖长在京都下发戒严令，民众为表抗议，组织起来开镇花会。成人让孩子们在大伞下舞蹈意味着消灾去病，母亲或父亲把孩子送进大伞之下的光景也令人十足欣慰。安息花会是供奉疫病神的御灵会之一，直到现在，该神社境内仍有一个分社叫疫神社。

京都举办御灵会的神社和庙宇很多，谈及最具代表性的祇园神社（八坂神社）时再详述。

上下贺茂神社·河合神社·川崎寺、贵船神社·鞍马寺

上下贺茂神社前文已有叙述，我们下面谈谈河合神社，它是下贺茂神社的附属神社① （摄社）。河合神社在延喜式内社里记录中为"鸭川合坐·小社宅神社"，因地处高野川和贺茂川交汇处，所以中

---

① 摄社，指所祭祀的神相同，从而也一起祭祀的神社。——译者注

世纪人们相信它祭祀着守护男女性爱颇为灵验的神。世阿弥创作的能乐《班女》便讲述了一对相爱的男女别离后又在这个神社喜相逢的故事。川合神社还可以叫作只洲神社，即便文字写川合，念法仍然是只洲（タダスノヤシロ）。

纠河原①在《延喜式》中写道：

> 凡上鸭御祖社南边，虽在四至（境界）之外，滥僧屠者等不得居住。

以贺茂祭为机会，滥僧、屠户以触晦为由被驱逐。中世纪，这里有声闻师②（俗法师）聚集地，正如宽正五年（1454年）的《纠河原劝进猿乐记》里记载的那样，这里也是游乐、艺能演出的场所。

平安时期，贺茂川西岸河原亦称川崎，设有川崎观音堂（感应寺）。《今昔物语集》的一个故事中讲到，这里举办称颂普贤菩萨德行的法会，一位面带死相的男子因其在法会中终夜吹奏笛子的功德，挽救了自己的生命。室町时代，这里也是"川崎御庭者③"的集居地，他们主要是抱团向室町幕府申请施德政（勾销债务）的人。

再往北行，就到了贵船神社和鞍马寺。延喜式内社中有讲，贵船神社本社在贵船山麓下，逆流而上五百米则有内宫（与本社祭祀同一神），所祭祀的神明有暗龙神④（祈雨止雨），又被称为高龙神、

---

① 纠河原，原文为糺河原。
② 声闻师，指听闻佛陀声教而证悟之出家弟子。
③ 御庭者，指室町幕府时代负责宫廷的建筑建造、修缮及其他杂物的用人。
④ 暗龙神，原文为闇龗神，《记纪神话》中又称之为"高龗神"。

罔象女神（掌管水的女神）。平安迁都以后因为贵船神社处于贺茂川上游，所以供奉的神作为祈雨、止雨神崇拜，朝廷派遣了奉币使，在祈雨的时候奉献黑马，止雨的时候奉献白马。可是这里原本有一些土地神，在《今昔物语集》里有一个故事，说的是鞍马寺的创建者藤原伊势人在山中选择建寺院的地址时，面前出现了一位老翁，原来他是这个山的镇守——自称贵布祢的明神，老翁应允给他一块地建寺院。土地神原是一个女神，不知道从何时起变成老翁了。

据说，和泉式部在这里咏出有名的和歌：

> 睹物思情，池边流萤飞舞，当是我，离恨愁魂。[17]

而贵船的神明应答她的和歌是：

> 津濑激流，深山瀑布落滚，珠玉散，宛如思绪。

镰仓中期的《沙石集》里更有一段由和歌引出的故事，说的是和泉式部为了挽回丈夫藤原保昌的爱情来到贵船神社，要行"敬爱大法"。听说这件事情，保昌尾随而来。贵船神社的巫女们告诉式部做法的程序——她应该把衣服的前襟拢上去，然后一边敲鼓一边在神社前转圈，和泉式部实在是做不来，只好咏出一首和歌。保昌看到这个情景深受感动，把和泉式部带回家。

上文提到的世阿弥所作的能乐《班女》说一歌女名为花子，对一位过路客人一见钟情，痴心迷恋，卒至疯癫。被主人逐出驿馆后，花子来到河合神社参拜，祈愿与所爱男子喜结良缘。她在神前磕头祈祷所说台词是：

> 足柄箱根玉津岛，
> 贵船三轮二明神。
> 发誓保佑儿女事，
> 垂怜赐福缔嘉姻。
> 众多神佛谨膜拜，
> 乞示明鉴指迷津。

平安迁都后，曾为土地神的贵布祢明神不但成为专管晴雨的神，并且变为"守护夫妇、男女山盟海誓的神"了，这一转变大约是神社巫女的创举。进而引申为爱神，纠结于情爱的人可以在丑时（半夜两三点）参拜贵船神社。能乐《铁轮》里有这样的剧情，因为丈夫有了新欢，妻子成了怨妇，她按照神谕来到神社，头戴的铁冠上插有三只蜡烛钎，她在上边插上蜡烛装神弄鬼地去打杀那个男子。这个故事收录在平安末期的《今昔物语集》里，发生地点原是宇治的桥姬神社，能乐中改写为贵船神社，或是因为贵船神社的神灵作为爱神更加广为人知。情爱与人存在的根本相关，估计巫女为解决这方面的烦恼，也免不了亲自求神过问吧。

当时，像贵船明神允许建立鞍马寺这类故事是老生常谈，《太平记》与能乐《白髭》里有比睿山延历寺和白髯须明神、高野山佛教与丹生明神的故事，内容均与佛法相关，即经土地神许诺，佛教僧人修行地得到保障。佛教信者借由与当地共同体神达成协议的故事作为手段，并以与土地神相融合的形式来推进当地土著信仰与神佛调和。

鞍马寺的正式名称是松尾山金刚寿命院，据说曾是私人寺院，即前述藤原伊势人祭祀毗沙门天的地方，也有人说是鉴真和尚的弟子鉴祯祭祀毗沙门天的地方，当时人们广为相信守护京都北方的就是毗沙门天。该寺在真言宗兴起之后成为天台宗的分寺，鞍马寺检校一职按照传统是由贵族出家担任。白河院在这里进行过经供养①，从平安末期开始，寺院境内造了许多经冢，通过考古发掘已经挖出一部分。毗沙门信仰逐渐普及到民间，产生了毗沙门天是福神，蜈蚣作为其使者的信仰。鞍马御师②和祈愿者到处散发纸质或布制的毗沙门天木板印刷像，也散发鬼一法眼的《兵法虎之卷》，这是与源义经（小名牛若丸）传说相关的小册子。《义经记》描述了平治之乱后，寄养在鞍马寺的小孩牛若丸将阴阳师鬼一法眼的藏书《六韬》十六卷抄写下来的故事。其实《义经记》本身并没有牛若丸向天狗学习武艺的故事，只是后来的绘卷（卷轴绘画）和能乐《鞍马天狗》《御伽草子》[18]增加了这一情节。

洛北八濑·大原之地

从贵船、鞍马之地北上，就到了八濑、大原之地。这里自古以来就是京都木柴、木炭的供给基地，当时有些女性作为行商，被称作"大原女"[19]或"小原女"，将炭和木柴运到洛中进行买卖。江户时代滑稽本的纪行小说《膝栗毛》中记载，她们还卖梯子等木制品，现如今，依然有女商户按照大原女打扮，身穿藏青地碎白花纹和服

---

① 书写经典送人，或书写经毕，欲置入经藏时所行之法会。

② 鞍马御师指底层神职人员。——译者注

卖馒头和赤紫苏腌制的黄瓜、茄子等酱菜。现在的城市早就不使用木炭和干柴做燃料，她们所卖商品也随时代变迁发生变化。

《本朝无题诗》咏叹了卖炭妇人严酷的生存状况。

今听取卖炭妇人言，

家乡遥指在大原山，

衣单、路险、迎风暴，

日暮、天寒、伴月还。

烧炭工估计是男性，平安中期的虚构作品《新猿乐记》，也收有大原的烧炭老男人到女子家去过夜的故事。

大原乡和小野山的人常常成为朝廷主殿寮的供御人，他们进贡炭和松明，作为回报，享有免税和在市里做买卖的特权。通过投靠朝廷官衙和院政等有权势的人，进贡薪炭者得到了市中买卖的特权。当时，大原乡的头人是刀祢（村庄的代表者管理者）。1095年（嘉保二年）在其领导下，村民作为一个集体出现了。他们成为白河院的部下，借其主子的权威抗缴伊势神宫搬迁所需的炭，为此被京都的检非违使厅起诉。

邻近的八濑乡村也和他们一样做砍柴、烧炭的买卖，从古文书可以了解到这里的居民缘何被称为八濑童子，亦可了解村子的内部组织。1092年（宽治六年），一份诉状的记述中，八濑刀祢（村长）乙犬丸诉比睿山延历寺青莲房僧都御房，文书内容说"按照惯例，延历寺的仆人上下山吃饭都要他们来打点，借此可以免除伐木的徭役，但是这规定没有被认真执行，村民还是被强加了徭役"。还有一份小童太郎丸的诉状，上面写道"他作为村民，公差六次担任酒主（请客吃饭），可是没有当成座长，反倒被别人抢了这个位子"。由此可知，八濑村民形成了组织"座"，接受山门（延历寺）的保护，也要承担砍柴伐木的徭役。当然，村子里也有不参加座的人，座的成员要轮流主办酒席，按照举办酒席的次数来决定座长人选，这种规定说明参加这一组织的人关系平等。实际上，这两件古文书是研究中最早发掘出的有关座——中世纪村落、工商业者或卖艺人结成的共同体组织——的记载。

太郎丸明明是个成人，却偏偏叫自己小童，可以算是本地人广为担任八濑童子的前兆。太郎丸担任村长的父亲也以童名"乙犬丸"行走于世，可知村长同样是"童子"出身。所谓童子就是当差打杂的，专门侍奉权门寺庙、神社的贵族，作为回报得到商卖上的特权。他们就像是歌舞伎《菅原传授练字槛》里放牛娃松王丸、樱丸那样的人。后来，八濑童子多担任轿夫，为比睿山寺庙里的贵族出家者抬轿子，江户时代也为皇室抬轿子。

再回来说大原，这里宗教氛围更加浓厚。大原的三千院是比睿山中贵族出家的寺院之一，亦称为梶井本愿寺（皇族、贵族出家当住持）或梨本坊。三千院创建于860年（贞观二年），始祖承云建堂塔。现在的三千院本坊是往生极乐院，佛像阿弥陀三尊推测为定朝（平安中期的佛师）样式，制作于1148年（久安四年），仅有台座等少部分为当初遗存。该寺据说是高松中纳言实衡的妻子真如房尼姑（1114—1180）出资建立的，天井犹如倒扣的船，可以容纳六丈的阿弥陀三尊，修建亦大费功夫。

三千院附近还有一个地方叫作鱼山，是举行大原唱经之所。中国天台宗支脉有一座大原鱼山，是梵歌唱经[1]兴盛之地。慈觉大师圆仁将它传入日本山门，再由平安末期开创融通念佛宗的良忍上人恢复并完成，人们把良忍所开创的来迎院、净莲华院、三千院一带都叫作鱼山。据说，大原唱经对于谣曲曲调都有影响。

大原寂光院在偏僻的京都乡下，平家灭亡之后因建礼门院德子（平清盛之女，高仓天皇之妻）被囚禁在这里为尼而有名。《平家物语》灌顶卷有一个情节，讲平德子的公公后白河院访问寂光院，他迫切希望了解坛浦决战时的情形，建礼门院德子便讲述了决战时其子安德天皇之死。这一情节描绘了她生不如死的心境，高贵者的苦难之路不免令人心酸。其真假虽不得而知，但据《华顶要略》记载，该寺背后有建礼门院德子的坟墓。1876年（明治九年），经日本政府甄别认定五轮石塔为文物。

从曼殊院门迹到粟田口

从八濑南下，便是传说中守护着京都东北鬼门之地——比睿山的下山口西坂本，面向京都一侧，有贵族出家当住持的寺院即是曼殊院。根据寺院历史，最澄是曼殊院创始人，比睿山为本寺，北山存有寺院领地。1656年（明历三年），该寺迁至现地址。按规定，曼殊院住持还需兼任北野天满宫的职位，但经历了明治的神佛分离令后被废止。曼殊院的著名文物为平安时代的绢本着色不动明王，通称"黄不动"。其附近的"八大神社"为一乘寺村的氏神（出生地守护神），祭祀素盏鸣命、稻田姬命和八王子；牛头天王、婆梨采

---

① 原文为梵呗声明，梵呗意为以印度的方式咏唱佛经；声明为朗唱佛教经文的总称。

女、八王子作为素盏鸣命以下的神被祭祀，不得不说是神佛合一信仰的产物，这一点与祇园神社相同。这附近还有祭祀天王、御灵的神社作为各村的氏神——鹭森神社（修学院天王社）、崇道神社（高野村御灵社）、薮里比良木天王社（牛头大王）、舞乐寺天王社（八王子）、山端牛头天王社及北白川天满宫（白川村天王社），合称比睿山麓七村落的氏神。3月5日，按惯例在七村落的神舆——鹭森神社集合进行"七里祭"。七里的村民特别团结，如1546年（天文十五年）德政令下达时，村民共同体进行讨论并向幕府递交申请，希望勾销债务，他们称自己为"七里地下人"。原本以祭祀为中心而形成的村落联合体，最终发展成争取解决经济问题的组织了，可见团结的力量多么强大。

再稍微往南走，就到了鸭川东岸的北白河。现今京都大学东邻神乐冈的西麓存有吉田神社，祭祀平安京藤原氏的氏神，和奈良的春日大社、长冈京的大原野神社祭祀的氏神相同。1484年（文明十六年），吉田兼俱在神乐冈的半山腰建立了八角形的大元宫，合祭全国的八百万神灵，他提倡唯一神道，并要整编神道。据说神乐冈原来是神座，有很多天皇的坟墓。据《太平记》记载，日本的南北朝动乱时代，此地占据京都东北地利，从防卫角度出发建设起城郭。

继续南行，抵达大家所熟知的真如堂，亦称真正极乐寺。根据1524年（大永四年）扫部助久国所绘《真如堂缘起》，真如堂是首位女院 [①]——一条天皇的母亲——东三条院藤原诠子所建立的。这里原是女院离宫，依藤原诠子愿望舍宫为寺。其后该寺屡遭火灾和

———————————

① 女院，即三后、准母、女御、内亲王等由朝廷特赐"院"或"门院"称号的女性。

变故，《真如堂缘起》一画中生动地描绘了"应仁之乱"中杂兵骚动、与中国的商船贸易等场景。

南部的冈崎之地，从东向西有法胜寺、尊胜寺、南北白河殿的遗迹，曾经被统称为六胜寺。既是集权的专制君主白河院施政之地，也留有信仰的遗痕。遗憾的是，青瓦大殿连栋栉比的繁华景象现今已无处可寻，仅存一个叫作"白河院"的庭园在法胜寺境内作为旅馆。那里的园林是明治时期造园师植治[20]小川治兵卫的作品。

冈崎山的一侧即有名的鹿谷，是僧都俊宽预谋打倒平家的策划地，还有与净土宗法然上人有关的安乐寺。前文讲过，因为法然的弟子让后鸟羽院的女官皈依佛法惹恼上皇，惨遭斩首的"承元法难"，安乐寺正是住莲、安乐房遵西的念佛道场。此外，这附近还有法然院，其墓园埋葬着近代名人河上肇等文人。

南禅寺北，有一座被称为"永观堂"的禅林寺。原祭祀真言密教的大日如来，11世纪后半期因永观和尚入寺而改为净土教寺院。禅林寺的主佛阿弥陀如来又名"回头观如来"，传说中，永观行道[①]时如来佛祖自佛坛而下跟随着他，而永观久久才发觉。后来，皈依法然的静遍和尚将其改为净土宗寺院，并成为西山派的总寺，该寺以国宝《山越阿弥陀图》闻名。再往南，粟田口东南方有净土宗总寺、法然入寂之地知恩院，这附近净土宗的寺庙也很多。

三条向东前进抵达粟田口，能乐《禅丸》中，唱出从京都前去东之国（东日本）的旅途充满了诸人哀欢。

---

① 行道可简单理解为僧侣排成一行，边阅读经文边顺时针绕着佛像或佛堂行走。

从花都出发，

再踏上旅途；

贺茂川船上，

来伴鸟鸣眠；

渡过末白河，

就到粟田口。

粟田口现存有日向神社。室町时代，日向神社在 1453 年（享德元年）自称为粟田口神明社，伊势内宫控诉称，声闻师擅自将所在神社称为神明社 ① 违法。日向神社地处京都三区分界（左京区、东山区、山科区），濑田胜哉先生认为该神社祭祀道祖神是借用了伊势信仰的权威，即可以为怨灵镇魂，消灾除病。当时，这样的神明神社很多，京都城内有 1416 年（应永二十三年）出现的宇治神明，还有 1441 年（嘉吉元年）《看闻日记》里提到的高桥神明（神事之一为汤立[21]），多建于室町初期。

祇园御灵会

再往南走，四条大路的尽头可以看见由祇园社坐镇的八坂神社的大鸟居，祇园神社正是将居民共同体和守护下京土地神明联系起来的桥梁。

直至今日，每逢梅雨季节结束，夏日骄阳开始热辣辣地蒸烤大地时，京都都要举办祇园祭。虽然说祇园祭有短时期的中断，但不

---

① 神明社指日本中世及其后，供奉天照大神的神社或伊势两宫的统称。

论种种传说，仅从确实的史料来看，祭祀活动也持续了1100年，这在世界范围内也很稀有。关于这一祭祀的详情，请参阅胁田晴子的旧著《中世纪京都与祇园祭》，在这里就谈个大概吧。

祇园御灵会是慰抚瘟神的神魂，防止疾病蔓延的祭礼。御灵会是为安慰怨灵举办的，人们认为，瘟神是对这个世界抱有怨恨之念而死去的人，他们因留有怨恨所以将灾厄散布于世。前文介绍今宫神社时谈到过，不光是祇园，很多地方都有类似的祭祀。

《三代实录》中可以找到御灵会的最早记录。863年（贞观五年），朝廷在神泉苑举办了第一次御灵会，祭祀六所的御灵。所谓的六所是指崇道天皇（早良亲王）、伊予亲王及其母亲藤原吉子、藤原仲成、橘逸势、文室宫田麻吕。民众认为瘟疫蔓延、众人死去，其原因是冤死的怨灵作祟。夏秋时节，从京畿到诸国经常举办御灵会，朝廷逐渐效法。据记载，朝廷御灵会在宫内神泉苑进行，包括礼佛念经、歌舞、让童子打扮起来射弓箭、臂力强健的力士相扑、骑射、赛马、倡优表演等，后世祭祀中能见到的技艺当时都有。特别值得注意的是，民间早有举办御灵会的先例，因此御灵会始终具有民间信仰的性质。

其后，每逢瘟疫流行都会举办御灵会。最初不在社殿，而是在出云路、船冈、紫野、衣笠、花园、东寺、西寺还有八坂等地进行。这些地方都处在京都的边界，并且与殡葬密切相关，是所谓阴阳交界之地，适合送神。特别是祇园社所在的八坂，它邻近河东的大墓园鸟边野，也可以说八坂就是鸟边野的一部分。

994年（正历五年），举办朝廷御灵会时由木工寮、修理职制作了两台神舆放在北野船冈山，僧侣念仁王经，呼来伶人奏乐，都中男女数千人持供物来祭祀，然后将宿于神舆中的瘟神从难波海边送出去。人们认为，瘟神经水路自异界而来，有必要通过水路再送回去。朝廷的御灵神后又增添了两位，即菅原道真和吉备真备，共有八位，还出现了长期供奉于堂舍的方式。前述的紫野今宫神社、出云路御灵堂、上下御灵神社还有祇园正是这种堂舍，至今依然留存。

不过说是瘟疫，其实大多是由国外传来并且流行的传染病，只祭祀日本的怨灵实在讲不通。历来认为，872 年（贞观十四年）流行的咳病是渤海国使节到日本时带来了"异土的毒气"。作为御灵之一的牛头天王是天竺来的异国神明，依旧受到大众信仰。

传说牛头天王来京都的路线如下：最初垂迹于播磨国的广峰，然后移往冈崎东光寺牛头天王社（冈崎神社），876 年（贞观十八年）迁移到八坂。有人提出其实牛头天王出现在祇园的时间比广峰更早，这一传说是后世编造的故事。谁建了祇园呢？是藤原基经。他是神泉苑朝廷主办御灵会的执行人，舍宅为寺建造观庆寺（祇园寺）。因为他仿照天竺的须达长者建祇园精舍，观庆寺才被广泛称为祇园。

外国来的疾病作为异国瘟神来到日本，其代表就是牛头天王。可是因为瘟神同时要择选病人，所以瘟神又增加了保护功能，行善的人和信仰瘟神的人都会得到它的保护。下述的牛头天王神话便有效说明了神观念的发展。

牛头天王原是天竺的王，他前去南海龙王的女儿婆梨采女家中，以访妻婚的形式育出一子，名唤八王子。牛头天王归途顿感疲劳，想借宿于人家，一个叫作巨旦将来的财主拒绝了他，牛头天王便灭巨旦九族报复；一个叫作苏民将来的人对他亲切以待，瘟神便给他患重病的女儿戴上一个护身符，标明她是"苏民将来的子孙"，于是这个姑娘得救了。牛头天王的报复就是让得罪他的人全家都患疫病而亡；对有善行的信徒便给他戴上护身符使他得救。如果说得病的人都是坏人也不合适，于是牛头天王信仰又发生了一百八十度大转变，牛头天王从瘟神变成消病除灾的神了。这个传说流行于10世纪前半期，确切的史料是1070年（延久二年）的记录，古文书说祗园神社火灾时烧毁的神体就是牛头天王、婆梨采女、八王子，由此可知那时候信仰与传说一致。正因如此，过去牛头天王要从京都市内送至河东，这回反倒要被迎接到京都的街市里去了。

974年（天延二年），祗园又降神谕，称祠官从社殿后园沿着蜘蛛丝爬行，结果来到洛中高辻东洞院叫作助正的町长者的家。所谓町长者不仅意味着他拥有财富，还说明他是町内年长的负责人。神告诉助正把自己的住宅捐献给祗园神社作为御旅所，神舆一年一度要来到京都街道，要在御旅所停留受人们的祭拜。

对于一个既是瘟神又是保护人们免于疾病的神该怎么办？对于前者要送到河东去，对后者要迎进来。为解决这个矛盾，每年要从御旅所迎神一次。助正因把自己的住宅捐给祗园社，就成了御旅所的神主，信者的香钱自然成为他的收入。镰仓时代，富裕的町人要捐献办祗园御灵会的公共劳役费——"马上役"[①]，这笔钱是300贯文，一半要交给御旅所。

稻荷神社、松尾神社也在洛中建御旅所让神舆巡幸。与此有关的都是市内长者。神乘着神舆来到御旅所时，长者要带领町内民

----

① 马上役，意为负责承担神社祭礼的（领头）人。

众欢迎。这样的祭礼自日吉神社始，也是祭礼的新动向，由被称作"长者"的町领导层推进的。如前所述，如果可以确定长者是町共同体的代表，那么洛中的共同体组织应该是发展起来了。

祇园信仰越来越受欢迎的原因是京都城人口增加，过密的居住条件引起了瘟疫流行。这种信仰也扩散到贵族阶级，因为贵族当中得病死去的人也很多。在政治上，瘟疫流行也成了大问题，所以消灾除病的祇园祭礼很受重视。藤原道长认为这种信仰的不断高涨很危险，于是下令取缔祇园祭。这一行为似乎惹怒了神，导致许多怪异的事情发生，后来藤原道长出于惧怕，也行奉纳拜神了。

之后，朝廷对神更加尊崇，特别是 1096 年在"永长元年大田乐"之际达到顶峰。贵族们根据天皇、上皇的命令承办了马队游行——让杂役①担任"马长"骑在装饰华丽的马上，马的缰绳由两个人牵着，数十匹马络绎不绝；随后是种女队伍，女孩子像田乐表演中的少女角色那样穿着华丽的服装行进；接着是田乐歌舞，巫女在神舆旁边行走，因为没有巫女就听不到神的启示。从后白河院令画家所绘的《年中行事绘卷》中可一瞥过往游行队伍的盛景。

"源平之乱"时期，这一盛大的祭祀也随之衰落，过去那种几十匹马的马队不得见，只能勉强凑七八匹马组成马队。无论身份贵贱，人们捐赠给祭祀活动用的金钱减少了，当局就对洛中的富裕商人课税来解决，让他们缴纳"马上役"，缴纳这一赋税的商人可以当马队的（领头）人，还可以得到骑马加入神舆行列的荣誉。刚才说过，"马上役"这笔祭礼费用为 300 贯文，一半给祇园社，一半给

---

① 原文为小舍人童，意为公家·武家从事杂役的少年人。

御旅所神主，即助正的子孙。

　　现在的祇园祭与其说是重视神舆，不如说是町共同体展出的戈山彩车成为重点，后文还会谈到。因恐惧居住条件密集带来的瘟疫，京都町人成群结队地去参加祇园御灵会，而后祇园祭祀系统的祭祀典礼也随各地城镇的发展在整个日本列岛普及了。

清水寺之地主神社的樱花

　　从祇园向南行，登上坡道便是清水寺。音羽的瀑布和地主神社的樱花都是清水寺的名胜，正如能乐《放下僧》中一句歌词所述：

> 祇园清水瀑布飞闪，
>
> 音羽山的春风拂面，
>
> 地主神社樱花四散。

　　清水寺的历史可追溯至平安迁都后不久。延历年间（782—806年），僧侣贤心（后称延镇）和坂上田村麻吕通力合作将其建立起来。《群书类从》所收的《清水寺缘起》（据说为藤原明衡所著）里有一个故事："延镇做山林抖擞（修行的一种）抵达八坂乡东山地方，看见草庵里有一位白衣居士，居士说自己在此地隐遁了200年。说完后，他忽地消逝了。延镇便在那个草庵里修行。在那里，他遇见了讨伐虾夷有功的坂上田村麻吕，两个人合作建立起寺院，还制作了十一面四十手观世音菩萨像。延历二十四年，他们上奏请求批准此处为寺院领地，自愿捐赠财物给寺院，将其作为恒武天皇的御愿寺。田村麻吕的妻子三善命妇请人运来盖正殿的木材修建佛堂。

康平七年，该寺烧毁，同年年末再建。"

《今昔物语集》中又是另一种说法，延镇做梦时有神谕告诉他来这里，他随着金色的水流闯进音羽山，遇见观音的化身。能乐《田村》则把清水寺建立与武士关联，前半场里田村麻吕以清水寺的清目童子形象出现，讲吉兆故事，甚至夸张到他可以令枯木逢春——让古老的樱树开花。后半场坂上田村麻吕以武将的形象出现，再现了得胜回朝的场面，《田村》作为一种胜修罗题材的能乐受到武士阶层重视。关于清水寺的樱花，其中有一段唱词能够表明人们对于在此处赏樱的喜爱：

> 哎呀哎呀，
>
> 地主神社，
>
> 樱吹雪啊，
>
> 别有风趣。
>
> 在樱树间，
>
> 霜月倾泻，
>
> 夜岚风劲，
>
> 纷飞细雪。
>
> 同去看花，
>
> 飘樱四散，
>
> 心旷神怡，
>
> 衷心喜悦。

《田村》前半场的主角田村麻吕化身为清目童子手拿扫帚出场，

由此可知，在清水坂下居住并担任清扫工的非人[22]虽说打扮成童子，但其实未必是儿童。他们一辈子都不能行元服礼，不能算成人身份。从平安末期开始，清水寺的山坡底下就居住着乞丐和非人。对于其中大部分人，寺院任命他们当"清目役"，即负责寺内的清扫工作。《今昔物语集》里有这样的故事，说平安末期丐头并不与人交往，过着富裕的生活。非人结成了自治组织"惣中"，执行部有七八个人，还给自己起了"筑前法师"的名号，标榜自己出生于筑前国[23]。他们把畿内各地的非人宿（集体居住地）纳入自己的旗下（本宿—末宿），形成一大军事力量。他们与奈良坂的非人均分势力，"承久之乱"前就兴起了激烈的抗争。

《明月记》记载："1213 年（建保元年），清水寺曾上书希望成为山门（比睿山延历寺）的分寺。众徒都理解同意了，朝廷听说后命令天台座主制止。据说是丐帮法师伪造书信的缘故。"大概是清水寺与奈良坂同样属于兴福寺分寺，认为自己规格低，清水寺才想入（延历寺）山门接受其保护吧。即便是这样，现在也无法想象丐帮法师的实力足以推动清水寺被纳入延历寺山门成为其分寺。还有，非人惣中的代表人物——先长吏法师的儿子成了清水寺的寺僧。他在斗争中得胜，升任"长吏法师"（非人集团中最高层）。在非人身份遭受歧视的中世纪末期及前近代，这是不可想象的。

他们和奈良坂的抗争持续多年，这场抗争究竟如何落幕憾而缺乏史料。清水坂再次出现在史料上，已经是五六十年后的 1275 年（建治元年）。清水坂非人集团的执行部（惣中）希望律宗叡尊到他们那里去给他们受戒，希望非人手捧四条起请的文书（誓词）受戒。叡尊得到非人宿的嘱托来进行塔供养，那么这里应该已有非人建成的高耸佛塔了。据叡尊在《感身学生记》记述，塔的大床（戒坛）有359位非人受了菩萨戒，其弟子观心和尚在塔院给873位非人受戒，还有"宿住人"出资百贯文的"非人施舍"。所以我们了解到，虽然都称为非人，但这一群体同样存在阶层分化——如菩萨戒、斋戒的等级差别，还有施舍人与被施舍人的阶层分化。叡尊对于丐帮非人头目居住的广厦十分惊讶，所以说非人统治者以乞丐、非人的头目（由七个人组成的惣中）为顶点，层层遴选出来的头人，其生活非常富裕。

非人当中有势力的人称为"犬神人"，隶属祇园感神院，主要从事杂务。他们可能兼有坂非人和犬神人两种身份，只是组织系统不一样。坂非人主要垄断了洛中的殡葬业；犬神人则是祇园神社的马前卒，在祇园祭礼之时犬神人穿戴甲胄做神舆的先导，为游行队伍开路。至今，犬神人的甲胄依然在祇园神社的霄宫里展览。历史上祇园感神院的后台是比睿山延历寺，犬神人作为感神院的兵卒也去破坏过法然的墓。他们居住在清水坂下一带，江户时代则多住在弓矢町。为什么住那里？这与他们后来的职业有关，后来他们制作弓弦并沿街叫卖，根据"请买弓弦吧"的谐音，被称为"卖弓弦的小鳝鱼"。

直至1925年（大正十四年），弓矢町仍然存有一个爱宕念佛寺（现右京区嵯峨鸟居本）。据说该寺是从空也弟子千观内供和尚的住坊建念佛堂开始的，内有千观内供和尚的像。这个寺院的例行仪式有"天狗的酒宴"——正月初二的夜晚，犬神人和卖弓弦的非人集合到方丈处喝酒，其后走进大殿手持牛王杖敲打门扇和地面，吹法螺和敲大鼓。这期间，寺僧贴牛王符咒驱鬼（《雍州府志》《坊目志》）。驱赶恶鬼的仪式是模仿修正会的民俗。坂非人和犬神人担当宗教职业中的下级人员，可能缘此诞生了授予爱宕火伏牛王符咒的相关仪式。

　　一般而言，爱宕寺指弓矢町东面的六道珍皇寺，门前有六道辻（十字路口）。民间传说认为，与六道珍皇寺有缘的小野篁就在这个路口来往于阴间和阳世。该寺墓地处于鸟边山野的入口处，距离火葬烟嫒靆之地很近，所以才有类似的民间传说。1112 年（天永三年），寺内围墙内外有 48 个小寺（私堂）。小寺主人是长官阶层、左卫门大夫堂等官人、命妇堂的女官、木匠中的高级技师、僧侣等中级贵族阶层的人。因为离墓地近，私堂是用来念佛的三昧堂[①]。

　　能乐《熊野》里有一节唱词如下：

伴唱（熊野）沿河行来不多时，匆匆已到六波罗，
地藏菩萨在此处，车中伏身拜我佛。
伴唱（熊野）母命在旦夕，赖佛成正果。
转眼又到爱宕寺，六道路口任抉择。
熊野此路通冥途，见之足为裹，鸟边山在望。
伴唱　骸骨腾烟火。[24]

　　台词里说，牛车不能在桥上通过，要在今日的松原桥附近过河，台词里的"车大路"也叫大和大路，也可以说走的是鸟居大路白川北岸。"通冥途"的意思是指送葬车走的路，还有一说是因为

---

① 三昧堂是专门用于闭关诵读法华经或念佛修行的佛堂。

经过六道轮回的岔路口。如《熊野》能乐剧目里所表演的，不光是送葬的车要经过这里，贵族去庙宇神社参拜或者是去欣赏樱花也会成群结队地赶牛车经过这里。

再往南走，六波罗蜜寺由"市圣"空也草创，当初叫西光寺。空也制作了十一面观音，并立誓在蓝纸上用金泥抄写大般若经600卷，应和三年（963年）完成，供养在鸭川附近，僧俗男女不分上下贵贱都来结缘。有名的空也像为康胜（运庆的四子）的作品。空也在这里圆寂后，僧人中信复兴了该寺并将其归属天台宗，成为六波罗蜜寺。寺里还有一座很有名的塑像，有传是平清盛的像。这里还发现了八千个平安末期的五轮泥塔。所谓泥塔就是发愿人自己造的或是买的一个小小的供奉土塔。在《今昔物语集》里，经常看到有劝病人供奉泥塔的故事。比如，淫乱女子因供奉了泥塔治愈了腰疼病，深得平民的信仰。

从这里向东北方向行进，现今的高台寺那里原来有一个云居寺，它建在八坂地方与南八坂寺（法观寺）为邻。云居寺前身是菅原道真在837年（承和四年）之前为了祈愿恒武天皇的冥福建立的八坂东院。它也成为一条还阳桥地名的由来，在京都传说中著名的修验道者净藏在这里圆寂。1124年（天治元年），瞻西上人（净土宗）制作金色八丈阿弥陀佛安置于此，民众不分上下贵贱都来结佛缘。这个佛是铜制的，大小约为奈良大佛的一半或东福寺佛的一倍。

也许因为这里是不分贵贱的人群集结之地，所以这里也聚集了不少表演艺术家。前面讲到，禅宗的在家居士和自然居士为代表的化缘僧都在这里集合。附带说一下，自然居士向人们推销化缘札造云居寺，其弟子东岸居士建四条大桥，在桥口卖艺说佛法收取过桥费。能乐《花月》里，自称花月的美少年在剧中披露他的羯鼓和曲舞的表演，他穿着"喝食"（在佛寺唱经结束时通知大家开饭的人）的衣服，他的台词里唱道：

> 这阵子我住在云居寺，听说清水寺樱花好漂亮，特地来游玩。

他们是所谓"放下"或"放下僧"的街头艺人，经常聚集在河东。

五条桥东六丁目有大谷本庙（西大谷），前边已经提到过的亲鸾之女觉信尼把庙堂捐赠给门人，自己和子孙也留在这里看庙，这也是本愿寺的起源。另外，东山区圆山町的大谷本庙（东大谷）来历如下：1602年（庆长七年），本愿寺教如接受德川家康捐赠的东六条之地，在那里创立东本愿寺，1670年（宽文十年）又买进土地在那里建立了庙所。

山科、藤原氏的别邸地宇治

越过东山就是山科之地，本章第一节已经谈及权门贵族建立的劝修寺和醍醐寺。山科现今已变成郊外居民区，而在平安时代是贵族游猎之地。平安中期，官家、贵族分化成文官和武士，高位的公卿已经不游猎了。这里就变成纯粹的别墅区域和贵族坟地，后来又遍布庙宇，再后来成了寺院。

山科地区的小野随心院是真言宗小野派贵族出家的寺院。这个寺院祈雨特别灵验，该寺始祖为仁海，惯称雨僧正。传说，日本第一美女小野小町故居的遗迹在这里，深草少将百夜求爱的故事也发生在这里[25]。可是，能乐《通小町》的剧情是住在市原野的小町亡灵来到八濑乡下，那里有正在做夏日安居修行的僧人，她献上供物央求僧人超度她成佛。舞台再现了往事：深草少将答应小町提出的苛刻条件，百夜顶风冒雪赶来对她求爱。这桩戏最后的结局是通过顿悟酒戒，两个亡灵都成佛了。戏的内容当然是虚构的，沿袭了传说中小町因她的高傲获罪，所以不能成佛的说法。我们考据的重点不是小野小町的故居究竟在哪里，不妨超脱一点，回到原点欣赏和歌、鉴赏能乐，看少将百夜求爱的情节不是很有趣吗？

能乐《通小町》里出现的和歌，在《万叶集》里可以找到原型，与《俊赖髓脑》中的也很相近。

> 山城木幡里
>
> 远眺起相思。
>
> 虽有奔马急，
>
> 君却徒步来。
>
> （《俊赖髓脑》）

歌中提到的木幡与现在叫木幡的地方不是同一处，是指京都和宇治之间的险要难关。即从宇治川到逢坂山，再向北陆去的交通要道。我们可以推测，从《万叶集》的时代起，此处就有驿站等设施。

话说藤原道长的坟墓就在木幡的净妙寺，在宇治木幡的御藏山西麓木幡小学校园里发现了藤原道长的坟墓遗址。自藤原基经以来，这里一直是藤原一族的墓园，墓地后建有三昧堂。国家建的寺本应

该办护国法会，与个人的死亡、葬礼无关。1005 年（宽弘二年），
净妙寺的《落庆法要》写道：

> 道长为了家门兴旺、供养一族的亡灵，曾祈念点灯的燧石
> 要一次点着。

就是说，这个寺院成为某一族人的菩提寺了。似乎那时的人没
有在墓地办佛事的习俗，他们认为灵魂不灭，肉体仅存于此世。而
且夫妇也未必要葬在一起。夫妻活着的时候不住在一起，死了也
不必偕老同穴。比起夫妇关系，人们更重视血缘关系，他们认为妻
子理应葬在娘家的墓地里。因为当时的婚姻制度为访妻婚（一夫多
妻），《蜻蛉日记》作者（藤原道纲之母）的丈夫藤原兼家连正妻都
有好几位，与哪位妻子同穴成了难题，大概那时候没有夫妇成双的
观念吧。平安后期有一位关白叫作藤原忠实，他也是一个大财主
（富家殿），根据记载他家年中行事的《执政所抄》，他们只会在忌
日祭拜给他们留下财产的祖辈。

宇治是以藤原氏为首的贵族们建造别邸的地方。据《蜻蛉日
记》的作者藤原道纲之母的描述，新年首次参拜神社后，她先到丈
夫兼家位于宇治川右岸的宇治院居所休息，然后坐船从宇治川溯流
而上，经过木津川回到自己家。藤原道长的宇治别邸位于宇治川左
岸，这幢别墅从源融那里领受来，又传给儿子赖通。1052 年（永承
七年），赖通舍宅为寺，次年建造被誉为国宝的阿弥陀堂（凤凰堂），
安置了同为国宝的定朝大师制作的丈六阿弥陀如来像。赖通隐居于
此，被称为宇治殿。后来赖通的子孙师实、忠实等人加盖了许多堂

舍，都在"源平合战"和南北朝内乱中烧毁。

源平合战的前驱人物源赖政拥戴以仁王，举兵失败后，他在平等院草坪上铺下纸扇自刃身亡。《平家物语》所描写的宇治桥攻防交战里，三井寺（园成寺）僧兵激烈战斗的英雄事迹后来成为世间的谈资。祇园祭中，僧兵英雄人物净妙坊和一来法师都被当作装饰戈山彩车的题材人物。在攻进京都以后，源氏的将领佐佐木高纲和梶原景季关于谁打了头阵的功名之争，成为《平家物语》中颇为有名的一节。

《太平记》描写的日本南北朝动乱的故事，也和宇治有关。建武三年，楠木正成对抗从九州进攻过来的足利军，坚守宇治桥时拆卸了一段桥板死守，而且在平等院左近放火。可是创建当时就存在的阿弥陀堂和梵钟竟然保留到现在，1185年（文治元年）在大殿遗址上再建的观音堂也没有被毁，可谓稀有。

虽说宇治是藤原的别墅区，但也是《源氏物语》"宇治十帖"²⁶的人物活跃的舞台。薰大将名义上为光源氏之子，其实是其正妻女三宫与柏木的私生子，他和宇治八宫的大女公子的悲恋故事众所周知，后来薰大将与大女公子同父异母的妹妹——浮舟的关系、浮舟投水自杀以及出家的故事都以宇治为舞台。大女公子聪明独立，她没有后台，没有钱财和权力，但是她为坚持自己的自尊和保持清高而死去，故事反映了王朝女性不能自立的闭塞环境和毫无出路的事实。让我们体会到紫式部虽然描绘了一夫多妻的王朝画卷，但是她绝没有对此持肯定态度。

浮舟与她姐姐不同，是一个既没有后台依靠又缺乏思虑的愚蠢女孩，浮舟投宇治川后被横川僧都源信之母所救。总而言之，小说描写了一位愚昧无知的女子形象，她除了信佛没有出路，书中描写她靠获得信仰才自立生存。源信之母也是《本朝往生传》里出现的人物。

正如"宇治十帖"的女主人公三姐妹的父亲（宇治八亲王）隐居在宇治一样，宇治也是不走运的人和隐遁之人生活的地方。与光源氏华丽的一生相比，如同夕阳西下一般，他的后人衰败了，宇治的地方色彩很适合他的后裔——那些生活在末世的人。

宇治东北的日野之地是藤原北家分支日野家的领地，地名沿袭家名。永承年间（1046—1053年），日野资业建立了药师堂，后称法界寺。主佛药师如来是木制的，现在是日本重要文物，亦称日野药师或乳药师。传教大师最澄制作的三寸、七寸的药师像也放在药师如来大像里面。

《中右记》的作者藤原宗忠的母亲是资业的孙女，该书详细记述日野家和法界寺的详情，记录了观音堂、阿弥陀堂等诸堂宇不断建成的情形。其后，该寺遭遇了承久兵乱、战国时代的战事，现存国宝有阿弥陀堂、主佛阿弥陀如来；重要文物有阿弥陀堂大殿内的壁画、正殿药师堂、木制的十二神将像等。因为净土真宗的开山鼻祖亲鸾生于日野家，又与西本愿寺关系密切，亲鸾父亲有范的画像也在各地巡回开龛，成为人们礼拜的画像，还建有别院。

法界寺北五町有平重衡墓地。重衡是烧毁东大寺大佛殿的罪人，他在一谷之战里被活捉，送到镰仓后在木津河原被斩首。与重衡死别后，他的妻子一直住在日野。此外，鸭长明也在日野隐遁，他写下《方丈记》不久后逝去。

鸟羽离宫－淀－山崎－石清水

洛南的鸟羽之地是平安京南的入口亦是港口，运往京都的货物都在这里卸货。鸟羽天皇行君主院政，在这里建立离宫治理天下，公卿月客争相到这里趋竭。因为在这里建宅邸的人太多，竟然就成了城市。船从濑户内海经过尼崎、渡边，沿淀川溯流而上到鸟羽，在此建造宅邸的显贵还有专门停川船的码头。1195 年（建久六年），源赖朝进京都取得政权后要前往难波（今大阪）参拜四天王寺，他曾向后白河院的宠妃丹后局借船从鸟羽出发，沿淀川顺流而下。

不仅鸟羽是港口，淀和山崎也是由淀川到京都水路沿岸的大港口。

首先，山崎这个地名在天平年间（729—749 年）就存在，《行基年谱》记载了此地造桥一事。营造长冈京、平安京后，山崎就更加重要了。山崎津作为建设长冈京的木材装卸地发展起来。787 年（延历六年），恒武天皇到高椅津行幸，其实那就是山崎津。806 年（大同元年），山崎遭旱灾，朝廷为抑制米价查封了左右京、山崎津、难波津造酒的酒缸。由此我们可以得知，除了京都，当时所谓的城市还有山崎津和难波津。855 年（齐衡二年），山崎码头发生的火灾波及周边民居，三百余家都被烧毁。嵯峨天皇的河阳离宫也设在此处，因为天皇喜好在这里打猎。

935 年（承平五年），《土佐日记》的作者纪贯之从土佐踏上归途，从山崎下船乘车回京都途中写道：

山崎店铺的招牌如旧。

864 年（贞观六年），山崎的商家鳞次栉比，十分繁华，被称作"历代商家之廛，追逐鱼、盐之利处"。城市繁华，治安会相对变坏。874 年（贞观十六年），人们说码头是善恶群集之处、"奸猾之辈"逃亡之地，朝廷把山崎、淀、大井（现岚山附近）设为检非违使厅的直辖地。因为码头一般都有装卸货物的仓库、管理事务所，它们属于朝廷诸官衙和豪门的寺院、神社。据笔者调查，山崎的土地就被 13 个寺院、神社、豪门所有。因土地管理者不同，警察裁判权也不一样，犯人逃到山崎最不易被找到，受追捕后一旦逃到相邻的土地，就逍遥法外了，因此才由检非违使厅统一管辖。

检非违使管辖统治的实际情况怎样呢？974 年（天延二年）别当平亲信的日记说，他们时时到"码头巡视"，长官别当以下的检非违使列队到山崎。到了政所，就检查当地负责人刀祢的工作情况，让他们拿出有关犯人的纪录。当天，他们在政所住下，第二天刀祢提出公文，由检非违使来教诲犯罪的人或赦免他们。可知当地刀祢原则上没有裁判权，要检非违使来教育或放免罪犯。不过，这也只是一年一次的"走形式"，实际工作都要委任当地的刀祢来做。刀祢只限定处理轻犯罪，海盗、强盗都要押送到京都使厅去。

刀祢的政所同京都市内的保甲组织一样，都受检非违使管理。山崎地区被播磨街道（山阳道）围住，从中间横切，可以看见上六保、下五保的街町，似乎每个保都任命了保刀祢。京都的保刀祢不但有刑事权限，还有民事权限，可以为土地权利书作保，山崎地区大抵相同。

可是后来，检非违使的管理也有名无实了。镰仓时代，山崎由村里的祭祀组织宫座掌管，祭祀组织的头目是八位长老。而且史料证明，镰仓末期这个宫座还有警察裁判权。很明显，检非违使的支配权已经有名无实化，实质上都转移给当地的共同体组织了。

宫座分为五位川座和沟口座，后来统称为"大政所两座"。五位川座得名于山崎的酒解神官至五位，流淌的河叫作五位川，还有神休息的御旅所。据藤原定家的《明月记》记载，两个神社在同一日期进行祭祀，而且还有田乐表演，可见景象之壮观。后来，酒解神被从祇园请来的牛头天王替代，成了天神八王子神社。另一个神社则成为"关大明神社"，地处山城和摄津的交界处。平家都城陷落之际，平家把安德天皇的轿子安放在这个神社前面，遥拜祈祷武运昌盛，颇为让人黯然神伤。

上述神社供奉的都是守路神、道祖神，各个宫座联合起来无视国界（县界）的存在，在同一个日子进行祭奠。这里的土地所有权本来属于各个豪门贵族，居民也各有所属，但是居民逐渐具有主体性，自称隶属石清水八幡宫打杂的。为了进一步摆脱石清水的牵绊，还另外建造了一个离宫八幡宫，公然从石清水八幡宫独立出来。

日本南北朝动乱发生后，山崎是扼守京都咽喉的要地，在战略上、交通上都占有重要地位，而动乱之际以宫座为首的当地居民获得了山崎土地的利权。在战乱初期，宫座方偏向朝廷（南朝），与之暗通款曲，后来看清形势改拥足利。足利越是得胜，居民就越能获得利权。比如足利征服了堺市，山崎的油商联合会就从足利家获得在堺市生产油和贩卖油的权力。1392 年（明德三年），南北朝动乱结束，山崎人领受盖有足利义满印章的命令书，获得"守护不入权"，也就是说这里是石清水的"董事"，即神人的地盘，不归石清水八幡宫领导。后来山崎力量越来越大，他们与不断加强统治的石清水八幡宫展开了激烈的斗争，获得了自治权，山崎终于成了名实一致的自治城市。下章还会谈及后来的山崎。

淀作为港湾城市，其发展过程和山崎相同。船从淀川溯流而上，去上游淀（市）和山崎（市）需要船夫在岸上拉纤。《今昔物语集》里有一个故事，说有一个精明的商人把难波的芦苇用船运到京都，他准备了酒食请去京都的人帮忙拉纤，用苇子改造京都的湿地成为宅地，源定宅邸就是这样来的。镰仓时代，淀川河畔住着一些为石清水八幡宫工作的"纤夫神人"，他们为石清水八幡宫干活的同时也为商船拉纤赚钱。

话说得有些前后颠倒，沿淀川上行，桂川、宇治川、木津川分岔的地方就是山崎。山崎的对岸就是石清水八幡宫坐镇。八幡宫建立于贞观元年（859年），奈良大安寺的和尚行教到丰前国的宇佐八幡宫参拜之际得到神谕，说八幡大菩萨要移座到京都附近来镇护国家。行教是纪氏出身，和与宇佐八幡宫关系密切的和气氏关系好，似乎受到想接近朝廷的宇佐八幡宫大神氏的影响。行教最初把八幡大菩萨迁到山崎，后来八幡神又一次现身，说要迁到对岸的男山。男山在和歌里很有名，常与女郎花对咏，记载于和歌入门书里。《古今和歌集》假名序里纪贯之就写到：

怀想壮若斯男山之往昔，叹恨盛若女郎花之须史。
当此之时，或吟悲、或述怀、或发愤，
能慰身心者，莫宜於咏歌。

关于女郎花也有故事，一女子被男子抛弃，于是投河自杀，在她的墓旁长出女郎花，当男人走过的时候，花就向相反方向弯曲，那时大概就有了这传说。另外，在《古今和歌集》里还有和歌：

> 行过男山上漫山女郎花
>
> 何故讨嫌女伫立在此山
>
> （布留今道）

《古今和歌集》在 905 年编成，而八幡宫镇座事件发生在其编成 50 年前，那时这一故事及和歌或许已经广为流传。但《万叶集》中却没有关于男山和女郎花的和歌。室町时期创作的能乐《女郎花》根据此传说编成，故事里那个背信弃义的男子似乎是八幡宫神官小野赖风，他也投河而死，到了地狱，"邪淫的恶鬼在地狱中遭鞭打"。这部戏剧的主旨是让观众看到地狱的苦。

所谓男山，那一定是高耸而险要的山，如果成双对的话，山势平缓而秀丽的山则为女山。可是与此男山相对应的女山是什么山呢？不得而知。4 世纪末 5 世纪初的两个古坟，现在叫作东车冢和西车冢，亦被称为男山和女山，是否经过五百年的岁月，以古坟为题材产生了女郎花传说呢？神户有名的处女冢传说也流传了四百年。它是由古坟的题材演变的传说，而且《万叶集》里也记载了和它相关的和歌。

从山崎北上就到了向日神社，它祭祀的主神是鸭神社的母神之夫、若宫之父的向日明神。据延喜式内社记载，这位向日明神被称作火雷神。江户时代，向日神社和松尾神社围绕父神的地位一直在打官司。现今，向日神社面朝东建在街道旁，中世纪似乎是面朝南，社殿依前方后圆型古坟而建。这座最古老的古坟可以看作是族长的坟墓，族长墓对面的大平原后来成了长冈京。

穿过长冈京故地便是桂里。桂里也是交通要道，津守玉手则光和玉手则安是当地的小领主。一份平安中期古文书显示，庄园体制成立过程中，小领主为壮威势，将自己领有的土地捐给东三条院女官大纳言殿御局，自己只做管理人挂中司职。这块地后为东寺所属，称上桂庄。所谓津守，是与水上交通有关的职业，就如住吉神社的神主叫津守氏一样，他们是管理桂川的水运的人。桂里居民多为摄政关白家的散所[27]、杂色及桂川上的捕鱼、捕鸟人。赖通到高野山参拜的时候，需要他们准备好出行的船只，献上用鸬鹚捕的小香鱼。当然，在淀川、真木岛、宇治也有这样的渔民，他们附属于摄政关白家，豪门对他们服务的酬谢让他们获得身份上的特权。

嵯峨野与大念佛

自桂北上，就来到松尾大社。古代这里祭祀秦氏氏神，属于延喜内社，两个氏神分别为大山咋神和市杵岛姬命。《古事记》里记载：

> 坐葛野之松尾，具有鸣镝之用的神。

这位神是贺茂别雷神之父，如前所述，整个江户时代松尾神社都在与向日神社打官司，因为向日明神之父也是此神。据说，这里最古老的神像是平安时代制作的等身大的两躯彩色男神像和一躯女神像。中世纪，松尾神被作为酒神祭祀，社殿里的大杉谷有一个灵龟瀑布，悬崖下方有涌泉龟的井，据说把井水掺入酒中，酒就不会变质。前近代在石见神乐里也可看到松尾神，酒神一般是滑稽角色，与西方希腊酒神的形象类似，大概与酒所酿成的氛围息息相关。

　　再向北行，就是岚山、野宫等嵯峨地。平安时代，嵯峨野也是贵族隐遁的地方，嵯峨的入口岚山渡月桥前有法轮寺矗立。《枕草子》里已经写过：

　　　　寺院，以壶址寺为佳。笠置寺。法轮寺。高野寺，以其为弘法大师所曾居住过，故而格外令人感动。

《梁尘秘抄》里的和歌如此咏道。

　　　　早晚要实现
　　　　拜法轮之行
　　　　内野大路
　　　　西之京

能乐《放下僧》里的小歌谣以"有趣的花都"开始，唱的是：

　　　　西有法轮（寺），
　　　　嵯峨的寺院，
　　　　转来转去，
　　　　转呀转；
　　　　水车轮子，

卷上河水，

浪花滚滚，

临川堰。

　　法轮寺信仰虚空藏菩萨，该寺院众所周知的仪式是孩童到了 13 岁要去参拜菩萨，祈愿智慧与福德。

　　渡月桥的两岸是天下名胜，岚山的美景就不用说了，特别是春天的樱花、秋天的红叶经常被咏叹，写入和歌里。平安中期的《拾遗集》里有这样的和歌：

朝凤赏岚山秋暮，衣红叶之锦而归。

（藤原公任）

　　从史料上看，最早有关岚山的记载是镰仓后期后嵯峨上皇在龟山殿（现天龙寺）种植了吉野樱，岚山为赏樱名胜。能乐《岚山》是一部神能剧，讲的是吉野的藏王权现和木守、胜手神下凡，在能剧中场休息时，特殊演出的间狂言中有《猿聟》这个节目，只用猿啼声来进行表演，非常有趣。

　　从龟山殿（现天龙寺）向上走，就来到野宫神社。该神社是内亲王们出任伊势的斋宫[28]时在去伊势之前斋戒沐浴的地方。此处景色被称为"黑木鸟居，小柴垣"，《源氏物语》里"杨桐"一节[29]详细描述了主人公光源氏去野宫神社一路上看到的嵯峨野风景，能乐《野宫》里也表现了光源氏到这里造访六条妃子的情形，那时六条妃子正好在嵯峨野照料被选作斋宫的女儿。

《平家物语》开篇讲的就是京城中两位有名的舞女祇王、祇女的故事。本来她们很受平清盛宠爱，后来失宠，另一位舞女阿佛成了平清盛的新欢。两姐妹和她们的母亲在嵯峨野山村里建了草庵出家为尼，每日专注念佛。阿佛想到"来日秋霜至，一样化灰土"，也来到嵯峨之地访问祇王姐妹，一起供佛。后面会谈到，因为嵯峨野距离化野的火葬场较近，泷口入道与横笛的悲恋故事[30]高仓天皇与小督局的故事[31]等都发生在这里，文学作品把嵯峨作为主人公因某种缘故避开俗世继而隐遁的首选之地来描写，大概是因嵯峨野具有与隐遁相适合的氛围吧。

嵯峨野的镰仓时代遗迹有藤原定家的山庄遗址——厌离庵，境内有时雨亭和定家冢。能乐剧目《定家》表现了定家对于美女式子内亲王的迷恋，他的执迷不悟竟达到令人恐怖的地步，甚至化作藤葛缠绕在式子内的坟墓上[32]。能乐曲也表现了嵯峨野秋天苔藓所烘托出的寂寥氛围。江户中期，厌离庵山庄被修复，后又荒芜，再次兴旺时改为尼寺。

厌离庵附近，矗立着法然在得到九条兼实的援助后，将自9世纪便存在的寺院修复而成的法然寺。足利尊建立天龙寺的时候，把龟山殿的佛院、净金刚院迁移至此，再次荒废后得到日本战国时代最为博学的三条西实隆的援助而恢复。《实隆公记》中多处提及二尊院。从这个原委看，寺院里的确存有芦苇制的法然上人画像《苇之御影》，也存有实隆和他儿子公条的画像和坟墓。随时代变迁，二尊院的墓园里又有了近代人物角仓了以、角仓素庵父子，伊藤仁斋、伊藤东涯父子的坟墓。

从二尊院沿爱宕街道去清泷的路上，可以看到化野念佛寺。法然改造了老旧寺院，开设念佛道场后改称念佛寺。这附近是化野的土地，《徒然草》里咏道：

化野露水从不消，鸟边山云烟常住。

东边是鸟边野、北边是莲台野，都是中世纪的墓园，自古以来就是用于风葬的土地。念佛寺的许多小石塔均为室町时期前后的古建筑，前近代末期或近代才将周边的石塔收集到一起展示。

嵯峨野不仅有此地民众的墓，还有许多天皇御陵，而且皇统大觉寺统[33]多为日本南朝时期的天皇陵墓，南朝最后的后龟山天皇的陵墓也在这里。大觉寺曾是嵯峨天皇的离宫嵯峨院，皇女正子内亲王（淳和天皇的皇后）将其舍宅为寺。其后，后嵯峨法皇、龟山法皇、后宇多院也在这里住过，所以叫作大觉寺统。后来，宇多院在这里行院政时被称为嵯峨御所。南朝最后一位天皇——后龟山天皇把神器让给北朝的后小松天皇以后，隐居地也在大觉寺。寺前的门前六道町有一座今林陵，是后宇多天皇颇具权势的皇后——"游义门院"姈子内亲王的陵墓。据说后宇多院在皇后死后两天落发出家，建法华堂（莲花清静寺）每月来悼念。莲花清净寺为尼姑庵，是南朝皇室公主出家的地方，后醍醐天皇的女儿姚子内亲王、惟子内亲王，还有三皇女在此出家，《本朝皇胤绍运录》里称之为"今林尼众"。

话说，大觉寺以西、二尊院以东有一个清凉寺，它以释迦堂的名字广为人知。这里原来是源融的山庄栖霞观，后来成为栖霞寺。987年（宽和三年），东大寺的和尚奝然从大唐带回旃檀制作的等身释迦如来像，他的弟子把释迦如来像安置在栖霞寺内的释迦堂，并把爱宕山比拟为五台山，开始称此地为清凉寺，这便是清凉寺的由来。创建栖霞寺时供奉的阿弥陀三尊像被送到寺内的阿弥陀堂，正是所谓的"反客为主"。顺便说一句，寺里供奉的释迦如来像内还有布缝成的五脏六腑。

从以上经过看，这座寺就是以释迦如来为主佛的释迦堂，是融通念佛的道场。同寺所藏的《融通念佛缘起》中记载，清凉寺的融通大念佛是根据道（导）御上人[34]上宫太子的御告，为传达良忍上人[35]的遗风，于1279年（弘安二年）开始的。

良忍是提倡在比睿山常性堂不断念佛合唱的堂僧，大原声明的集大成者，开创了融通念佛。道御是唐招提寺系统的律僧，和良忍不是一个法系。在师承断绝的时候，道御的活动开始了。道御和西大寺系的叡尊等律宗一样，都通过化缘来修复佛教庙宇堂舍，比如他在奈良的法隆寺、同东院北室，京都的法起寺、壬生寺、花园法金刚院、清凉寺和附属的地藏院（成法身院）等地进行化缘，同时还进行非人施行。[36]

无论如何，道御的布教特点也是融通念佛罢。他于1257年（正嘉元年）在壬生寺开始融通大念佛狂言，1276年（建治二年）在法金刚院、1279年（弘安二年）在释迦堂开始融通大念佛会，主张高声念诵佛经以取得自身与外界的融通来维护阿弥陀的利益，这是一种名号的大合唱。顺便提一下，时宗鼻祖的一遍上人也被称为"施行融通念佛的圣人"。

能乐《百万》表现了这个"嵯峨野大念佛"的盛景。这个剧目原来是观阿弥创作的有好评的著名《嵯峨女狂人》的能乐剧目，后来被其子世阿弥修改了。主要的情节是奈良的名唤百万的曲舞舞女丧夫后又丢了孩子，为了寻找这个孩子来到不分上下贵贱、老幼群集的嵯峨大念佛会。"百万"这个名字就是出自百万遍念佛之意，因为她是有名的曲舞舞女，所以她似乎是念佛舞蹈的领舞兼领唱，带领大家念佛。她载歌载舞的歌舞片段有"车之段""笹之段"，还跳了世阿弥自创的曲舞来歌颂释迦堂里的释迦如来之功德。这个释迦像是宋代中国造，作为继承印度、中国、日本三国传统的释迦佛在剧中被歌颂成"赤旃檀的尊容将要神力现"。女主人公给释迦献舞的功德，让她终于找到自己丢失的孩子，用大团圆来结束此剧。

柳田国男先生认为这个剧目的前提是与孩子失散的佛教徒可以通过跳曲舞奉纳实现重逢的愿望。细川凉一先生考据说母子相认的地点设在释迦堂，一方面反映融通念佛会的繁荣兴旺，另一方面，道御本人的经历也成为清凉寺灵验的一个例证。开创融通念佛的道御本人也曾经与母亲失散，后来重逢，为了报恩才建立清凉寺地藏堂。

1　古代一坪相当于一里的 1/36，大致相当于 3.306 平方米。

2　大和朝廷初期活跃的记纪传承中的人物，是孝元天皇的曾孙，有侍奉五朝的伟大功勋。

3　半丈六是指立像八尺座像四尺。

4　天桥立是簇拥着约 7000 棵松树的长 3.2 公里、宽 40~100 米的长条形沙洲，远看像天上舞动的白色架桥，所以取名为天桥立。

5　陆奥旧国名，地处今日的青森县和岩手县。

6　六波罗是六波罗蜜寺所在的地点，位于京都鸭川以东，五条到七条之间的地方。

7　《源氏物语》，第四回《夕颜》，北京人民文学出版社，1980 年。

8　空也的念佛方式。打鼓和钲高唱佛经和赞的举止很像舞蹈，所以称为舞蹈念佛，后来由时宗的一遍推广。

9　不要接触出产、服丧、死秽、月经等使身体不洁，古代凡是有接触就不能上朝参拜神。

10　六波罗探题是镰仓幕府继京都守护之后，在京都的六波罗地方所设的行政机关首领，主要的任务是监视朝廷、统辖西国的御家人。此官职原本只称为"六波罗"，镰仓时代末期才开始加上佛教式"探题"的雅号，变成"六波罗探题"。由于镰仓位于日本关东，而当时的京师在关西，所以六波罗探题相当于镰仓幕府在西日本的代表，位高权重，因此历来皆由掌握幕府实权的北条家指派族中才俊出任。

11　非人指极端贫困的人或者从事丧葬屠宰等行业的部落民。

12　写入延喜式里的神社都是有一定规格的神社，延喜式是用汉文记载的平安中期大内年中仪式和制度的古文书。

13　传说是秦氏的祖先，是秦始皇的子孙，移民百济，率领秦汉人 127 县的民众在应仁天皇时期来到日本。

14 话说某日傍晚，源赖光的家臣渡边纲自仕所返回己宅。行至一条桥畔，
忽见一美貌女子正独自徘徊。询问之下，方知其新迁入京，居于五条
府邸，因不熟道路，故踌躇不前。渡边纲见天色将晚，便扶女子上马，
两人共乘向五条邸而去。行至半路，那美貌女子忽然轻启朱唇，柔声
说道："妾身宅邸其实位于京城之外。"渡边纲自然问道："敢问小姐家
住哪里？"于是乎形式骤然逆转："老娘家就住在爱宕山！"接着那女
子就一把抓住渡边纲的发髻向黑暗中跳去。原来那美貌好为茨木童子
所化，只可惜茨木童子百密一疏，那渡边纲腰间正挂着向赖光借来的
名刀"髭切"，于是便扑哧一声"刀光闪过"，茨木童子抓着发髻的手
臂就被砍了下来。为了显示自己的英勇，渡边纲便将断臂呈给源赖光，
赖光使安倍晴明占卜之，占卜结果为"渡边纲必须进行七日的物忌"。
然而到了第六天，其叔母（一说养母）真柴突然来访，纲便打破物忌
的戒律，与她相见了。谈话间，真柴瞥见那只断臂，便说道："哎呀，
我的胳膊怎么会在这里呢？"语毕，抓起断臂，作倾城一笑，转瞬乘风
而去……

15 说唱艺术，原文说经節。中世纪到近代的说唱之一。从佛教的唱经发
源，也受到和赞、讲式、平曲的影响。有门说经、歌说经等形态。后
来使用三味线、胡弓与木偶戏配合，是净琉璃说经的源头。

16 风流类似大型的化装游行表演，伴随音乐和华丽的服装及道具，表演
集体舞蹈，歌舞中也出现剧情和台词问答。

17 这是式部到贵船神社参拜，看到贵船川漫天萤火虫时所作的和歌。她
觉得萤火虫那虚幻的亮光，像是自己体内飞出去的灵魂。贵船神社中
宫有这首和歌歌碑。

18 享保年间（1716—1736），大阪书肆涩川清右卫门刊行的短篇小说系列。

19 从京都北郊大原一带到京都市内卖未剥皮圆木等的女子。穿筒袖和服，前面系带，打绑腿，穿草鞋，头顶货物行走。

20 植治园林公司名，其领军人物小川治兵卫身为园林工艺师却可以出入上层社会。

21 神事仪式之一，在神前烧开水，神职人员用竹叶沾了在参拜人身上洒水。

22 许多从京都城内或周边各国的村落中被驱逐出来的人都聚集在此处居住，这些人统称为"非人"，形成了非人集团。

23 筑前旧国名，现今的福冈县西北部。

24 引自申非译文，《日本谣曲狂言选》，人民文学出版社，1985，P62。

参考玖羽先生译文地歌："牛车已过河原面，(21) 行路不甚急，又至车大路，(22) 此乃六波罗之地藏堂，当伏拜一先。"(23)

（中略）

地歌："纵使观音救护，亦不知，性命可否延。这不已过白玉爱宕寺，六道之辻在此间。(25) 可怖哉，这路正是冥途黄泉路，(26) 心战胆寒，鸟边山沿。"(27)

25 小野小町退出宫廷后住在山科，求爱之人络绎不绝，却被傲慢的她无情拒绝。其中深草少将最为痴心，不管送出多少情书始终没有回音。仅有一次，他得到了小町戏弄的答复：只要他风雨无阻求爱一百夜，就以身相许。不料到了第一百夜，少将遭遇大雪冻死在路上，从此衍生出小町和深草少将生生世世纠缠不清的恩怨。

26 《源氏物语》下册第四十五回到五十五回称为宇治十帖。

27 古代末期到中世纪被免除租子的居民要相应地到权门庙宇神社去扫除、做土木工程和交通杂役。

28 昔日天皇即位时，代替天皇侍奉伊势神宫的斋王在去伊势神宫之前，祈福净身的场所。在嵯峨野地区清静的地方建造的野宫，是被黑木乌居和小柴垣环绕的圣地。

29　丰子恺译，《源氏物语》第十回《杨桐》，原名"贤木"，北京：人民文学出版社，1980年。

30　平氏重盛手下武将斋藤时赖对横笛产生爱慕之情，然而父亲没有答应，他看破红尘自曰"泷口入道"，横笛感动后求爱反遭拒绝，也遁入空门。

31　权中纳言藤原成范之女。入宫为高仓天皇的宠妃，受到平清盛之女中宫的嫉恨，被迫出家。后高仓天皇21岁去世，最后两人都埋在嵯峨的清闲寺。

32　藤原定家由于深爱式子内亲王，执念不散，死后化身定家葛，缠绕在式子墓上。某日，一僧云游至京都，突遇急雨，奔至一亭避雨，此时一女现身随后，此女将僧人引至式子墓前，墓已十分陈旧，连石塔上都缠满藤葛。

女子告知这就是式子内亲王的墓，所缠藤葛为"定家葛"，乃定家执念所化，纠缠甚苦，二人皆不得超度成佛。因此，请僧人诵经解脱。同时，还为僧人讲述了其中经纬。说完，女子身形消失不见，唯有空中传来"我就是式子内亲王"的话语……僧人乃悟其为式子之魂。

禅竹把本剧的重点完全放在描写"男女之间的爱欲"上。由于"邪淫之妄执"，定家死后变成植物之灵"定家葛"，将式子内亲王的坟墓缠绕，式子的亡灵苦不堪言，请求旅僧拯救。全剧的基调，是在细雨的寂静中翻滚着的激烈爱欲，在旅僧诵经让式子解脱之后，式子也没有像能剧的套路一样成佛，而是重新回到墓中，让定家葛重新缠上，从而让爱欲升华到了令人震撼的程度，这是本剧最为出色的处理。本剧原名《定家葛》，但在流传中脱失"葛"字，变成《定家》，由此带上了一层更深的意蕴。藤原定家本身没有出场，全部由对定家葛和式子亡灵的间接描述表现。正是由于这个原因，"定家葛"仿佛不再是定家之灵的化身，而是"邪淫之妄执"的象征——充满妄执的，不仅是定家，也是式子；被妄执缠身的，不仅是式子，也是定家。就连身为作者的禅竹，大概也无法否定"邪淫之妄执"。（玖羽）

33　龟山天皇的血统，与持明院统交互继承皇位，吉野的南朝四代为其子孙。后宇多法皇将大觉寺称为仙洞得名。

34　道御（1223—1311）镰仓时代净土教的僧侣，大和出身，大鸟广元之子，从师唐招提寺证玄。说在法隆寺梦殿得到圣德太子的神谕推广融通念佛。实施了壬生寺、清凉寺的大念佛会。

35　良忍（1073—1132）初在比睿山三昧堂做堂僧，边干杂役边念佛修行。22岁时隐遁大原艰苦修行，建来迎院。其主张高声诵佛经以取得自身与外界的融通，倡导一人念佛百人通，并在摄津住吉建大念佛寺作为传教大本营。

36　中世纪以慈善事业为中心的佛教，僧人以慈悲行、布施行的实现为目的，对乞丐非人进行非人施行。

南北朝·室町·战国的京都

公家、武家政权所在地京都

建武新政的京都

从隐岐逃出来的后醍醐天皇在伯耆国[1]的船上听到倒幕势力将六波罗探题推翻的消息，他立即废黜光严天皇，不设关白，并将年号恢复成元弘。那年便叫作元弘三年（1333年），一切回到元弘的后醍醐天皇的既定方针上。回京都的途中，赤松丹心、楠木正成迎驾后醍醐天皇，6月5日，天皇回到京都二条富小路御所。

建武新政的中心措施是设立记录所、杂诉决断所、武士所和恩赏方[2]等机构。后三条天皇以来，记录所是天皇亲政庄园政策的象征机构，形成一切大事由天皇亲自裁决的新政。新设置裁决民事诉讼的杂诉决断所后，民事纠纷的处理重点转移到那里。这些官厅以二条大内为中心，设置在二条大路两边，分布在万里小路到京极一带。

可是不到一年的工夫，新政便出现矛盾，正如二条河原町出现的匿名文章所讽刺的那样。楠木正成等倒幕功臣被安排到杂诉决断所领导岗位后，这一机构：

不论能力亦无指令无人值守决断所一栋[1]

---

① 原文为，器用勘否（能力の有无）沙汰モナク　モル、人ナキ决断所

后醍醐土地政策的失败，朝令夕改的改变愈加引起混乱，"离开自己领地的诉讼人，放入文件的细葛箱"，人们担着细葛箱子放入地契等证明文件从各地（国）来上诉，洛中挤满上访者。

能乐《砧》是一桩悲剧：一位武士为了诉讼长期滞留于京，留在家里的妻子对远离故乡前去京城的丈夫十分怀念、眷恋，而又怨恨不已，于是她把闺怨之情寄托在捣衣的砧声中，借秋风传递给羁旅京都的丈夫，最后在悲愤之余死去。能乐《鸟追舟》描写了一个看家的仆人夺取了家主的地位，毫不留情地使唤家主妻子的故事。狂言《鬼瓦》讲述了一位诉讼得胜的武士在异地参拜因幡堂，看见屋脊上的兽头瓦想起留在故乡的妻子的面影，于是急急返乡的喜剧。可见新政当时已经引起社会问题，并反映到能乐、狂言等戏剧中了。

京都的城市政策方面，原先市场的支配权属于东市正一职，几乎由检非违使的中原氏家族世袭，后醍醐天皇废了中原氏，把这个职位给了功臣名和长年。动乱前，后醍醐天皇曾于灾年在二条町低价售米，着力于城市政策的构建。可惜没等到新政全部推行，便已荡然无存。后醍醐天皇还计划铸造新钱、重建大内里，朝令夕改使民众无法信任朝廷。鉴于足利军攻下京都后，天皇对各军头论功行赏不公，有人讽刺道：

"如此这般地滴下纶言之汗[3]究竟是为什么"。

在日语里，"滴汗"这个动词与"骗人"发音相同，正好形成讽刺天皇说话不算数的谐音打油诗。

人们最大的不满在于新政否定了世袭的官职和土地领有权，一切都由后醍醐天皇说了算。过去，幕府承认武士的世袭领地，新政招致尽忠的诸国武士不满。公家也对天皇废除世袭制、家业制的官职改革不满，效忠于天皇的想法不免动摇。

后醍醐天皇曾骄傲地说："朕的新政是前所未有的事业。"仅有改革之热情，但未能成型。佐藤进一先生提出卓见，认为后醍醐天皇的主张不仅仅是想要回到延喜圣代[①]的复古主义，他改革的目标是建立宋代官僚制基础上的皇权专政，但当时日本社会基础尚未成熟，没有士大夫（官僚）辈出的地主阶层，导致其理想终而轰塌。

新政的瓦解

众所周知，新政的瓦解首先表现为足利尊与大塔宫护良亲王的不和，足利尊代表想建立幕府的诸国武士，天皇宠姬阿野廉子也从中搅局。总而言之，以后醍醐天皇政见为一方，以足利尊政见为另一方的争斗已成定局。1336 年（建武三年）2 月，足利尊败给楠木正成、新田义贞，退到九州，四月又开拔赴京都，6 月拥戴北朝的光严院（光明天皇）进入京都，在东寺布阵。足利尊的弟弟直义在三条坊门的御所布置阵地。6 月 13 日，洛中战役开始，交战最激烈的地方是内野、法成寺河原、八条坊门大宫。战役中，后醍醐天皇方面的得力干将"三木一草"（结成、楠木，伯耆的名和、千种）均战死，一时间人们认为政权会归于足利尊。可是后醍醐天皇跑到吉野重开朝政，小朝廷虽然是勉强维持，但也延续多年。自此，吉野

———————————

① 延喜圣代，平安时代中期（10 世纪）的第 60 代醍醐天皇（年号延喜）及其子村上两（年号天历）所统治的时期被称为"圣代"，醍醐天皇又被称为"延喜的圣帝"。

山后醍醐的朝廷称南朝，京都光明天皇的朝廷称北朝，开始了将近60年两统并立的内乱时代。

足利尊发布的施政方针承认武士对其领地的领有权，论功行赏使诸国武士拥戴，由于南朝将领新田义贞、北畠显家战死，南朝军力不足，足利尊作为征夷大将军建立了足利幕府并巩固了政权体制。足利幕府的基本方针是复活镰仓幕府的土地政策。1339年（历应二年），后醍醐天皇在吉野驾崩。足利尊向北朝上奏，说要将南朝大觉寺统的龟山殿改为寺院，祈祷后醍醐天皇的冥福。他压下反对意见，正式将龟山殿改为天龙寺，宣告南朝终结，南朝大觉寺南朝统的据点龟山殿就此被消灭。幕府为解决改建的经费问题，根据开山的梦窗国师的提议，派遣天龙寺船[4]与外国贸易的举措亦很有名。

足利尊和直义两兄弟虽合力建立起幕府，却因兄弟不和引发了观应骚乱。直义遭毒杀后，南朝方面乘虚攻入京都，种种事件交杂，一切又渐渐平息。描写动乱的叙事诗《太平记》，其大结局是因二代将军足利义诠暴毙，10岁的足利义满继任第三代将军，义诠把义满托付给细川赖之，并任命其为执事。在生而为将的足利义满的领导下，足利幕府迎来最盛期。

花之御所与大内

将军义诠统治足利幕府时，在三条坊门万里小路与富小路之间办公。1377年（永和三年），足利义满着手修建"花之御所"。"花之御所"的北边是柳原大街，南边是北小路（现今出川大街），东边是乌丸大街，西边是室町大街，面积南北两町、东西一町[5]，还兼并了崇光院的仙洞御所的一部分（甚至继承了仙洞御所的"花之御

第四章　南北朝・室町・战国的京都

121

所"之名）和临近土地，营造御所一共用了五年的岁月。当时，天皇御所是土御门大内，以内宫为主，而"花之御所"的面积是土御门大内的两倍，位于皇宫的北边。常言历代帝王统治"天子面南"，义满的御所室町殿正是坐北朝南，在天皇御所土御门大内的北边。

因此古代所谓的上边——二条以北的地区是公（官家）、武家政治权力之地，也是公、武的家臣居住地。在足利氏迅速公布的《建武式目》里，也可以得知当时京都过半土地都成为荒地的事实。幕府没收敌方的土地赏赐给军功者，给武家家臣土地供其建宅邸，常有让原先土地所有者忍气吞声的事情发生。比如宝庄严院的寺院领有土地也以很便宜的价格（衣料钱）赏赐给御牛饲孙一丸。不过南朝重振雄威后，宝庄严院领地所有权也被重新认定。《二条河原落书》讽刺当时的情况是：

> 诸人宅地多不定，收成不过一半；
>
> 去年火灾留空地，只能当厕所用；
>
> 如遇考究房屋，通通没收去。

其后，为土地所有权打上七八十年官司变成常事。室町幕府兴建"花之御所"时没收了邻近的土地，盖房让家臣居住。人称千秋刑部少辅的晴季只花一元钱就领受了原属于大德寺的土地——土御门四丁町。后来，打官司时大德寺方面称当初只是让他暂时在那里租住，所以晴季所付的是租金，这官司一打就是80年。即使有判决，每逢政权交替也要旧事重提。以上所说的是领主的土地所有权，连他们都这样发生争执，可知平民要保住已经获得的权利该有多难。

1392 年（明德三年），南北朝统一，对足利家可谓意义重大，南朝小朝廷占据吉野偏安，虽然勉强支撑，实力不强，却在分辨谁是正统之际成为大义名分的火种。翌年，幕府对酒屋土仓收税，给洛中的大资本所有者——支配酒屋土仓的宗教山门（比睿山延历寺）加压，把他们归于自己的支配之下。1394 年（应永元年）底，足利义满当上太政大臣，登上公卿最高位掌握朝廷，他把将军职让与儿子义持。翌年 4 月后，小松天皇谒见临幸足利义满，采用儿皇帝每年到父皇的御所临幸的形式。两个月后足利义满剃发出家，号道义。

北山殿（通称金阁）的营造

1397 年（应永四年），镰仓时代最高的公卿西园寺家将宅地让与足利家，足利义满在这块土地上修建北山殿（后称金阁）。因西国之雄大内氏在九州擅自和朝鲜、大明帝国交流，义满颇为不满，1399 年义满平定了大内氏的叛乱。1401 年（应永八年），义满派遣博多商人肥富和僧侣祖阿作为遣明使前去大陆，次年遣明使带明朝使节到北山殿引见。接连不断的行动不免让人认为北山殿是幕府为与明帝国开展外交兴建的。

南北朝廷统一后，足利义满加强自己权力的方法就是和朝廷搞相对化。无论是征夷大将军还是太政大臣，都由朝廷任命。天皇为至尊，义满无论如何也是二号人物。义满将自己儿子的待遇和皇子扯平，妻子的名号也与天皇的母亲相差无几，不可谓是没考虑到这一层。如果他被明朝皇帝任命为日本国王，明朝皇帝远在大陆，日本的头号实权人物无疑就是足利义满了。明帝国只允许国王来做贸易，通过贸易带来彼地的文物，所以义满作为国王垄断了政治、经济、文化，可以加强统治。明帝国给予的外交待遇和随之而来的贸易认可，使他可以集国王称号于一身，也使义满强化国王权限有了强大的后盾。

例如，明制铜钱大批进入垄断贸易的日本国王口袋里。镰仓中期后，日本因货币经济繁荣，出现了铸币不足的状况。后醍醐天皇计划铸造新钱，但是因政权被颠覆没有实现。义满就靠明帝国输入的铜钱来补充货币不足。佐藤进一先生认为，将军有货币发行权。既然不在国内铸造钱，从道理上讲只能靠明帝国输入的铜钱来补充。有人从现实层面上批判佐藤的学说，认为流入的明朝铜钱数量虽多，但货币输入量可查。笔者认为，明制铜钱含铜量高，是标准货币。用这种优质货币在中央市场投资具有很大的效果，可以左右行情。那么，为什么足利义满不铸造新币呢？与南朝的理想主义不同，足利幕府一贯采取现实主义的政策。遗憾的是，以往日本流通宋钱的时候，即使铸造日本铜钱，信誉度也很低。即便日本不断铸造私钱，也会流通宋钱，更何况贸易上要考虑到只有中国铜钱具有信誉。另一个原因是货币必须有年号，而年号的制定权属于朝廷，幕府需要向朝廷申请批准条款，同样是个大麻烦。

文化问题与经济问题相类似，旧文化带有很浓厚的公家色彩，文化、宗教都被以天皇为顶点的公卿阶层及其僧侣垄断。足利义满推崇艺人观阿弥、世阿弥，打开猿乐①隆盛之道，是发展新兴文化之举。足利氏大概想把大众喜闻乐见的艺术发展为能与朝廷文化相对抗的独立文化。世阿弥没有辜负他的期望，其创作的许多能乐剧目不仅创造了凌驾于宫廷文化的新艺术，还明确表达了足利幕府乃

---

① 猿乐又称申乐，是日本中世纪的表演艺术之一，也是能乐和狂言的源流。

至武家政权的地位及其存在的意义。

比如，世阿弥根据神能基本原则创作的剧目《弓八番》，正如世阿弥自己所说：

> 《弓八番》为速成体也，无曲（子）直（接）成能（乐）也。
>
> （《申乐谈义》）

这个剧目的主要内容是敕使到清水八幡宫参拜，一位老者拿来了放在袋子里的弓箭说是献给帝王的礼物。典故出自中国周朝，把弓箭包起来（收藏武器）是天下太平的象征。在日本本朝取弓箭消灭夷狄的神功皇后和应神天神正是八幡神，老者受到八幡神的神谕，把弓箭放入袋子献上。老人自称为高良的神，然后就消失了。后场是高良神现身起神舞，诉说守护天皇的八幡大菩萨的神德，曲终。现在看来剧目没有特色，唱的也不是名曲，可是这个剧目提倡的是在天皇所治的世道里，天下太平还要依靠武威，把武力的象征（弓箭）收起来放到袋子里的是足利家（源家）的氏神（八幡神社的分社的武神），通过敕使把礼物送给天皇。可以说，这个剧目直截了当地主张了足利将军的功绩和重大作用，摆明了将军家在天下国家中的位置。

宗教方面，自镰仓幕府扶植禅宗后，形成五山制度作为御用宗派。足利幕府让禅宗僧侣成为遣明使书写外交文件是一个例外，也是首创，而且明朝的文物和以茶道为代表的大陆（唐物）文化成为室町时代的文化特色。日明的外交也开辟了新文化独自发展的道路，日明贸易派出遣明船，连天皇家也要参与；皇家还死乞白赖地向将军家硬要明朝的纺织品"唐织物"。

　　和接待明朝使者的日程紧密相关，义满开始营造后世因舍利殿贴上金箔，而在后世被称为金阁[6]、备受赞美的建筑北山殿，金阁在池面上的倒影极美。金阁为三层楼阁，一楼为延续了藤原时代样貌的寝殿造"法水院"，安置了阿弥陀三尊；二楼为镰仓时期被称为"潮音洞"[①]（一种武家造，意指武士建筑风格）的观音堂；三楼则为唐朝风格的"究竟顶"（禅宗样式）。寺顶有宝塔状的结构，用桧皮修葺房顶，顶端露盘上有只象征吉祥的金铜凤凰装饰。它几乎网罗了佛教所有大宗派，将传统公家文化的寝殿造与体现阿弥陀信仰、观音信仰、武家风格的禅宗文化完美地调和在一起，表明了幕府掌握了宗教界，且表明了义满的野心——他是无可超越的权威。

　　日本曾经是世界上少有的黄金产地，每年的产金量据说是 50 千克，金阁二、三层楼阁所贴的金箔就占年产量的一半——25 千克。当时，马可·波罗关于"黄金国日本"的故事已经通过某种渠道传回到日本，或许足利义满想"那样的话就倾其所有，使用黄金屋顶的建筑来接待明朝的使节"。传说义满是一个既会说笑话又懂得幽默的人，能做出来这样的事也说不定。被册封为"日本国王"后，明朝使节带来了印玺和衣冠。穿戴衣冠虽是一种礼仪，但因公卿反感，所以义满在正式场合不能穿。足利义满就在陪同明朝使节到北山看红叶时穿上明国衣冠，"以唐人装束之体"乘唐人的轿子，由唐人当轿夫喧闹着出发了。公卿虽然嫌弃此举，但对于义满来说，这也算是苦肉计吧。

---

① 潮音，指将佛陀·菩萨的宽宏慈悲比拟为海浪声。

义满逝世后的将军政治

1408年（应永十五年），义满突然逝世，于是政权落到仅有形式的将军义持手中。义持入主北山殿不久后，又在三条坊门筑起新殿，将幕府移入。

一方面，义持辞退了公家给义满的尊号，不走公卿化路线。他听取斯波义将等幕府股肱的意见，夸示武家独立的立场，而且义持中止了义满积极推行的日明封贡贸易，采取守势，诸事采取紧缩政策。

另一方面，在京都市政上义持继承与发展了义满的风格，显示了浓厚的义满色彩，特别是在以征收酒屋、土仓税为代表的京都商业管制上。幕府的侍所掌握洛中的检断权（警察裁判权），以京中的治安、警察为中心，逐渐掌握了城市支配权。掌握军事权力的幕府坚持管控市政管理权也势在必行。侍所的长官是所司，由四位有力的守护大名（称四职家）交替就任，实权由家臣——所司代掌握。直到前近代，人们还把京都市政担当者叫作"所司代"，就是这由来已久的传统所致。

第四代将军义持未指定继承人便去世，已经出家的义教靠抽签当上将军，他对政局很是关心，正如《御前落居奉书》所示，他留下了很多直接判案的政所记录。本来，所谓"政所"是公卿家政机构的名称，此处所称的政所为裁决京都等地的市井民事纠纷的机关。义教治世时期，发生嘉吉德政起义，金钱纠纷层出不穷。其中较大的案子由将军裁决，使将军的权力膨胀。

镰仓后期与建武时期，京都的刑事案件乃至民事纠纷都由检非违使掌握，前述祇园社属下绵座的诉讼就在检非违使的法庭中审理。

足利幕府建立初期，政所开始负责审理民事案件。政所的长官叫执事，由伊势氏世袭，将军家宅事务也由执事负责。那么政所的另一个功能——诉讼功能呢？它最初由执事负责，后来从十四五名寄人（职员）里选年长者担任执事代，到文明年间，都由执事代负责了。另外，"政所代"这一职务由伊势氏的家老蜷川氏担任。蜷川氏作为政所的代表代行执事的任务，也成为民众到政所诉讼的窗口，其地位相当重要。历史上留下了很多蜷川氏掌管的有关诉讼的史料，通过这些史料，可以了解当年的情况。在动画片《一休》里，也有蜷川新右卫门尉的角色，在京都是大家很熟悉的名字。

义教虽然是一位热心于政务的将军，但是他的性格冷酷无情，处罚也极其严酷，人称"万人恐怖"，猿乐观世座的世阿弥也因触怒了将军而被流放到佐渡岛。义教将军最终死于家臣赤松满祐的暗杀，关于这件事，伏见宫贞成亲王在日记里写道："将军如此犬死，为古来未闻其例之事"。

应仁·文明之乱

义教的儿子义政是一位糊里糊涂、没有主见的人，一首打油诗写到，"虽然年号变长禄，御所之心仍糊涂"。于是，应仁之乱爆发。5月开始的应仁之乱早在正月便已开始酝酿，因义政膝下无子，便将其弟弟义视定为将军的继承人。翌年，义政之妻御台日野富子为他诞下义尚，日野富子为了让自己喜爱的长子义尚继承将军之位，引发了一场战争。其实当初义政才30岁，富子26岁，那么早就考虑将军继承人不免有些可笑。义政和富子长期被政局所忽视，义政是典型的机会主义者，京都童谣都嘲笑他"量罪无咎、赦免无忠"。

义政弟弟的保护者是管领细川胜元[7]，他 24 岁时曾给 18 岁的将军义政呈上了婉言规谏的信，信中说"为君应谨言慎行"，他因为受不了义政随心所欲的性格才以强硬态度劝谏。以拥有实权的守护——畠山家的继承人问题为契机战乱开始，逐渐发展为幕府管领细川胜元和守护大名山名宗全两位有实权的人争夺主导权的战争。文明五年（1473 年），京都已化为灰烬废墟，双方的大将细川胜元和山名宗全相继去世，战乱终于收场。或许在战乱中得益的是日野富子，经日野富子默认留在京都发挥军力的敌方大将大内政弘趁乱占有领地，而大内政弘则对义政、富子、义尚献上一千贯金钱和贵重物品作为报答。这是真正的金权政治。

动乱过程中，义政完全对政治失去兴趣，在贵族、僧侣中流传的风言风语说，他一心只往自己腰包里搂钱。

新宗教在京都的兴盛

京都五山和贵族出家的尼庵

足利义满想在室町殿邻接处建立相国寺，由其信任的春屋妙葩负责工程。该寺的开山祖师是春屋的住持法师梦窗疎石，春屋则由二代住持继承。相国寺的落成时间是南北朝即将统一的明德三年（1392 年），举办了盛大的庆祝竣工大法会，落成两年之后即失火烧毁。义满命令立即再建后，于应永八年（1401 年）完成。应永六年，以宫中御斋会为标准举办了 71 米高的七重大塔的落成大法会。

五山禅宗均到齐自不待言，还有南都北岭的僧人达千人参加，义满按照上皇外出的仪式出席，亲王、关白、公卿跟随游行。据说这个大法会的豪华程度仿照白河院的法胜寺大塔落成法事、源赖朝的东大寺再建落成法事，可是仅仅四年后，这个大塔就被雷劈烧毁。

义满对应临济宗的镰仓五山规制了京都五山，京都五山除龟山上皇建立的南禅寺受到破格待遇外，按照天龙寺第一、相国寺第二、建仁寺第三、东福寺第四、万寿寺第五的顺序排列，还规定了十刹和诸山。

这些都是禅宗的官寺，叫作"丛林"[8]，幕府为了统一管理设立了僧录司，第一任长官由义满十分信赖的春屋担任，他掌握了人事权等权限。

义满这样就统管了临济禅宗，在恢复日明外交关系的时候命令五山僧写外交文书或任命他们为遣明使等，让他们负责外交事务。僧人在战乱的调停方面也多次起作用，如应永之乱中，由高僧绝海中津来劝说大内义弘。

将军女儿出家的场所是尼五山，出家当比丘尼的公主所居住的地方叫比丘尼御所。不过御所的称号是江户时代才有的，而上层女性出家的尼庵——"尼门迹"也是1931年以后的称呼。尼五山包括景爱寺、通玄寺、檀林寺、护念寺、惠林寺。景爱寺（亦称宝镜寺或百百御所）现今仍存，作为分支寺院继承古迹的有名尼姑庵。它是无学祖元的弟子无外如大尼在五辻大宫西开创的尼姑庵。现在作为位于寺之内大道堀川东的"人形寺"颇有名。另一个还留存的尼姑庵是昙华院，它继承了通玄寺的著名古迹，在岚山的鹿王院内。

大抵，天皇、宫家、将军家的公主幼时进入寺院作为比丘尼修行。室町以后，她们长大成人也不婚嫁。义满有十个女儿，全都选择某个尼庵入室。崇光天皇的女儿瑞宝公主曾经在入江殿真乘寺当比丘尼，经足利将军推荐成为景爱寺长老，伏见宫贞成亲王在日记中写她"应该说是因果循环，真是福气啊"。这些上层女性根据自己的修行才有资格成为尼庵长老，所以才有因果循环的感叹。她们五六岁进寺院，多少也有自己的土地。比如伏见宫的例子，寺院的领主权在伏见宫的本家，家庙要给本家提供某种形式的服务，男孩子入寺修行也同样。

非官方的禅院
——林下

与五山官寺对应，非官方的禅寺称"林下"，以大德寺、妙心寺为代表，与所谓的"丛林"分得很清楚。特别是大德寺，主张自己是宗峰建立的私寺，主动放弃十刹寺资格，走上野禅林之路。室町中期，该寺住持出现了一休宗纯。大德寺与堺市的町人、连歌师、茶人的关系密切，村田珠光[9]、武野绍鸥也参禅，这就是人们所说的"大德寺茶道文化"的由来。连歌师宗祇的弟子宗长（号柴屋轩）跟随一休参禅，因仰慕其遗风住在一休的山城薪村酬恩庵的旁边。建设大德寺的山门的费用来自销售《源氏物语》的资金和到各国去化缘的钱。这个山门后来更与千利休[10]发生了联系，因在该寺山门建立之后放入千利休穿草鞋的木像，犯了丰臣秀吉的忌讳，酿成大祸。

妙心寺是关山慧玄为开山祖的寺院，其禅以枯淡、清秀为主旨，十分俭朴，传说关山慧玄的居室漏雨，无地方可坐。应永之乱中，他因与大内义弘的关系惹怒了足利义满而受株连，所有财物均被没收。应仁·文明之乱之际，关山慧玄因得到细川胜元、细川政元父子的信奉和赞助得以重建寺院。此外因石庭院出了名的龙安寺也是胜元赞助建立的。

时宗[11]·一遍以后的宗教轨迹[12]

中世纪后期，时宗在京都延续了其教义，在文化方面十分活跃，也具有十分大的影响力。教祖一遍圆寂后，他的弟弟（一说是外甥）圣戒以源融的旧家、六条河原院之地、六条道场欢喜光寺为据点布教。一遍死后十年，圣戒绘制了秘传的《一遍圣绘》，显示自己的正统性。另一弟子他阿上人与其对抗，该派系则制作了描绘一遍与他阿的事迹——《游行上人缘起绘》。他阿上人的派别成为时众十二派的主流，称为"游行派"，以七条道场金光寺为据点布教，代代都称之为他阿上人。

与此相对，四条道场金莲寺的开山鼻祖是他阿真教的弟子净阿。寺院的土地是佐佐木导（导）誉捐赠的四条东京极（极），人称"四条派"。"四条派"与朝廷、幕府、显贵来往多，所以在插花、连歌方面很有名。在连歌领域，该道场的顿阿与兼好等歌人并称四天王。被誉为时众阿弥文化，绽开艺术文化之花。

此外，"市屋派"的市屋道场金光寺在左京的东市，是一遍进行踊念佛的地方，弟子唐桥法印的作阿和尚为开山。"御影堂派"新善光寺曾经以尼姑制作的京扇出名，"二战"期间经疏散后京扇的制作方法失传。从东山的鸟边山到灵山有几个道场，现在已经衰废。

灵山道场（正法寺）开山是国阿，国阿在梦中得到启示，让他的教义与伊势熊野信仰结合起来，于是他所在的寺院就给信众发柏叶护身符，上面写"伊势熊野参拜之辈""许（宽恕）永代污秽"以求保佑，此派受众多女性信仰者拥戴。时宗里的这一派主张在罪业观和救济方面要平等，排斥歧视。

　　不过，因时宗僧尼杂居，造成风纪紊乱引起人们非议。从今天的新京极四条道场成为烟柳巷的事实就可以窥见其传统，室町时期这个地方出现过杂耍、曲艺小屋和妓院，成为花花世界，也形成了以都市下层居民为主体庆祝和祭祀的空间。《往古过去帐》记录了与时宗结缘的信者名字，可以查到在能乐上有卓越成就的观阿弥、世阿弥父子、金春大夫等名演员。能乐师出身于艺能民，他们被称为声闻师（散所非人法师）。如同义政将军眷顾的庭园师傅号善阿弥一样，将军身边的朋友、下属也以时众宗的信仰者姿态取法号，自称某某阿弥，这就便于超越身份进行文化艺术方面的交往。

　　时宗因为重视临终最后的十念，所以与人生终点仪式以及殡葬有很深的关系。六条道场担任给死刑犯授予十念的职责，叫作"河原沙汰"。市屋道场下边管着一些时众火葬场、殡仪馆，由道场定价让火葬场包工。到江户时代，七条道场金光寺建立了火屋（火葬场），具有对从事殡葬业贱民的管理权。明治时期火屋被废，不久，金光寺也被长乐寺吞并。中世纪后，京都四条道场与七条道场势均力敌，可是幕府硬把四条道场金莲寺划定成七条道场的分寺。应永三十一年（1424 年），因对幕府命令不满，出现了金莲寺自己焚烧寺庙的骚乱。这大约是因金莲寺和金光寺争夺火葬场和管理殡葬业贱民主导权的权斗达到极致的结果。

净土宗·净土真宗

法然在世时，净土宗便形成了专修念佛者集团，进入室町时期以后分成两派，一派是证空的西山派，另一派是良忠的镇西派。西山派的据点是禅林寺（永观堂）、誓愿寺、二尊院、西山三钴寺等，镇西派的寺院有法然圆寂的知恩院、百万遍知恩寺、悟真寺（后来的檀王法林寺）、清静华院、黑谷的金戒光明寺等。

净土的法门在朝廷和公家中普及，正如"禁里悉以念佛也"所说，连天皇的戒师都由净土门的僧侣担任。二尊院的善空根据后土御门天皇的命令在伏见创立了般若三昧院，此地成为天皇的分骨所，即天皇的一部分骨灰会移到这里埋葬。

以法然的弟子亲鸾为宗主的净土真宗虽然以亲鸾的庙堂本愿寺为中心，但受天台宗青莲院的管理。据说莲如[13]幼时在佛前孤寂地学习，连灯油都不充足。当时朝拜的香客到本愿寺的不多，更多人去位于东山涩谷（汁谷）的佛光寺。莲如本在近江、三河、摄津传道，可是宽正六年（1465年），比睿山延历寺众徒闯入，破坏了大谷本愿寺，莲如逃到近江坚田，又在东海、北陆传道。文明三年（1471年），莲如修建吉崎御坊，文明十年（1478年）开始营造山科本愿寺，在诸国门徒的支持下终于在京都落脚，其宗教力量朝一向宗农民暴动集结，关于这一点，后边还要详细叙述。

法华宗在日本西部的传播

法华宗即日莲宗在京都广为传播，起点是京都西郊向日市的鸡冠井。德治二年（1307年），真经寺的住持实贤皈依了日像（日莲弟子），日像是在关西最早传播日莲宗的，他还设立了佛学院。真经寺分为南北，北真经寺占地两千五百坪[14]，约合原长冈京内禁遗迹的大半。也有人说日像于镰仓末期在京都创建了妙显寺，在南北朝末期移至四条栫笥，得到敕愿寺和幕府御愿寺的称号，很有势力，也得到很多町人信仰，人称四条门徒。与日像相比，以日静为开山的本国寺在六条堀川，也很有势力，人称六条门徒，更有日本东部法华宗的僧人不断到京都来。自日莲上呈幕府《立正安国论》以来，僧人就对信仰法华经的公家、武家的掌权者进行谏晓[①]。其中，谏晓过幕府的有两个人，一位是建立本禅寺的日阵，另一位是妙满寺的日什，他得到天王寺屋通妙的保护，属于天王寺支派，在他们寺内另建法华堂。

因此，法华宗的宗风一分为二。一种是放弃宗门传统，不谏晓国主，走贵族化道路的妙本寺（妙显寺）、本国寺等大寺院；另一种是谏晓国主，甘愿因传布佛法而遭受迫害，遵守"不受不施"的制戒，维持说服传道的宗风，代表性寺院有本门寺、妙满寺、妙觉寺、本能寺等。后者在日住的倡导下提出以强硬劝谏国主为传教路线的《宽正盟约》（1466 年），得到洛中町人的支持。不过，态度最为强硬的日亲认为这两派对国主都太过宽大，没有加入任何一派。他后来遭到幕府将军的酷刑，史称锅冠上人。日亲出生于上总（今千叶县）地方豪绅之家，21 岁到京都一条回生桥说法，宣扬"不惜身命、折服逆化[②]"。其后不光在京都说法还到各地巡游，在镰仓遭遇"永享法难"受幕府迫害。于是他决心谏晓魔将军义教，说服他

①　谏晓为佛教用语，可以简单理解为通过劝谏使众生通晓事理。
②　逆化为佛教用语，可以简单理解为以违逆的方式来教化众生。

信仰法华宗。愤怒的义教将军将日亲关押进监狱，将盛满热水的锅扣在他头上，割断他的舌头还强迫他念佛，日亲没有屈服。义教死后，日亲被赦免，但他自此不能说话，只能发出婴儿般咿咿呀呀的声音。日亲不屈的精神使他在京都获得许多信仰者，后来他在镰仓狩野理哲尼的保护下建立本法寺。宽正年间，根据幕府的命令，他在肥前国再次被捕，理由是因他传道，肥前一国都成了法华宗的天下。后来，因将军义政之母去世，日亲被恩赦出狱，再建本法寺，20年后以80岁的高龄圆寂。

宽正年间，洛中法华宗受到比睿山佛教众徒进攻，法华宗强硬回答："且不论京都佛教教派法华宗占半，佛教信徒更是众多"，或攻或防，都难免使京都大乱，比睿山山众的入侵就没有了下文。九条尚经在其日记中写道："法华宗充满京都。"的确，基本上法华宗信众为土仓、酒屋等富裕的町人，营造立本寺的费用由和服店老板经意等三位老爷各出三百贯文，剩下的一千贯文是酒屋"柳"负担的。柳生产价格高昂的清酒，亦是名酒"柳"的起源。

这就是町人奋起、天文法华一揆和法华之乱前夜的状况。

全国经济之概要

刀剑和釜

镰仓中期，商品经济发展让京都越发占据日本中心地位，京都既是日本国内市场的中心，又是生产力较高的畿内市场圈的中心，正因为如此幕府才设在京都，这样公家、武家的所在地也一元化了。日本全国重要的贡租（米或丝绸、木材等物）也都聚集到京都；京都主要的手工业产品运送到全日本。不仅如此，这些产品也成为国际贸易中向明帝国、朝鲜、琉球等帝国或地区出口的商品。室町、战国时期的出口产品，刀剑类姑且不论，工艺美术品因为各地生产数量少，主要也都是由京都生产。大刀、长刀、茅梭镖上的刀剑类不用说，泥金画、贴金围屏、扇等工艺品也在京都制造，其他出口商品有从诸国来的金、铜、硫磺、玛瑙等矿物。

这一时期，京都的支柱产业是军需武器产业，这或许令人颇感意外，但自平安以来，刀剑就是日本的名产。早在延久五年（1073年），太宰府商人王则贞就曾给高丽王献上日本的刀、弓箭；宽治六年（1092年），帅中纳言藤原伊房把武器卖给契丹获得巨利，后按照法律被处罚；平清盛赠送宋朝皇帝大刀而受到谴责等，可见大陆对于日本产的武器有很大需求量。宽治七年（1093年），船上装满刀剑、弓箭、甲胄、硫黄、珍珠等货品，由宋人、倭人组成的贸易集团被当作倭寇看待。陶德民先生的书里提及，宋朝诗人欧阳修曾有诗歌《日本刀歌》：

宝刀近出日本国，越贾得之沧海东。

大意是，出色的刀由日本生产，福建的商人买来运到大陆，用很贵的价格卖出①，这些刀的主要产地当然是京都。平安时期，七条

————————

① 此处为原作者对欧阳修此诗的释义，不另作他释。

市附近群居的金属工集团——锻冶工匠搬迁至三条、四条、粟田口附近，粟田口派刀工的始祖是一位叫作"国家"（くにいえ）的人，这一刀铭直至镰仓时代都颇受赞誉。

　　到了室町和战国时代，名刀的生产更加活跃。以传说中的三条铁匠宗近为首，从鸟羽院统治时期以来，其锻造的刀剑就很有名；其后又有四条的井上善长，他锻造的刀剑作为"遣明船贸易"中的将军进贡物献给大明国，或当作贸易商品，以太刀黑大面、太刀枪、长刀为主要制品；将军进贡物中的两把龙御大刀，其制造者是粟田口的信国，刀柄和鞘则由有名的藤左卫门制造。历史文书上有名刀的记录：

　　　　御鞘梨地御纹云□□□白灭金御带取紫□箱朱。[1]

　　被当作贡品的这把刀要价五十三贯七百文，可见相当出色。顺便提一句，幕府将军贸易船在日本国内用一贯文购得的一把大刀，到中国去卖要价是五贯文。其他还有成批制造的叫作"数打"的大刀，因为用稻草捆扎从奈良运来，亦称为"束刀"。战国时期，二条室町设"新开地"町，制作刀剑配饰的工匠居住于此，有做刀鞘木雕的、涂漆的，有做刀柄的，还有生产刀柄缠线的、做护手的，分工专业，装饰完毕的太刀以"赝品"之名卖出。还有搞批发的"大刀屋座"集团，即在批发商的家庭手工业作坊大量生产刀，这些产品也出口，不过据说价格压得很低。

---

① 文书中的部分文字已灭失。

铸工也从七条搬迁到三条釜座大街[15]（现京都府厅旁），有确实证据的历史遗留物是文明十年（1478年）的清水寺铜钟、延德三年（1491年）的旧北野神社有藤原国久铭文的铜钟，后者铭文上的人名与庆长年间（1630年）的能工巧匠——藤原对马守国久同名，估计是他的祖先。永正十四年（1517年）的一口钟，钟铭写有"三条住御大工五郎左卫门尉国次"，它也与得到天下第一称号的铸工西村道仁在本国寺钟铭上的签名"铸工藤原国次戒名道仁"同名，估计也是他的先人。釜座[16]出现得应该更早，在镰仓后期就已经存在，室町时期，他们获得了藏人所[17]供御人[18]的身份，有了免除课税徭役的特权和营业的垄断权。应仁·文明之乱中，铸工曾经到太秦避难，动乱结束又回到三条，其后在太秦又设立分座。釜座的铸工压倒日本其他地区铸工的年代，恰恰也是在应仁前后。

釜座的产品以梵钟为主，还铸造鳄嘴铃、灯笼、栏杆柱上葱花形状宝珠装饰，其他产品还有日用杂品的锅、釜、铁瓶等。从他们行使的产品专卖权来看，应该是满足了洛中的需要。釜座共八人，当然都是老板，他们下边自然还有徒弟。茶道兴隆使茶釜的生产场所三条釜座变得有名起来，在釜座的《名越系图》中说，应将军义政的命令，号为弥阿弥的名越弥七郎铸造了茶釜，在前述的文禄·庆长年间，釜座的茶釜得到珍爱，即西村道仁以后的事情。传说中，道仁是武野绍鸥的釜师，织田信长给了他天下第一的称号。他的作品留在京都的很多，如本国寺、六角堂的钟、妙莲寺的铁灯笼等。稍远的还有羽黑山麓桥上栏杆的拟宝珠（葱花状宝珠装饰），足以看出他的产品销路之广。在丰臣秀吉的生母三回忌时，千利休的釜师辻与次郎实久捐赠给寺庙一盏云龙的铁灯笼，得到秀吉的珍爱。所谓釜师，就是按照利休所设计的茶釜图样来制造茶釜的人。其他有名的铸工还有藤原对马守国久，名越善正、名越三昌父子等。

这些铸工住在三条釜座大街，在京都有专卖权，由此可以得知他们就是一个共同体，即所谓老板的联合会。前面讲到了八人座，到了庆长七年（1602年），座众已经发展成64人。这个行会共同体和町、村的共同体一样，成员等级按照年龄排序，即便是名人也不能特殊对待。可是论买卖就是另外一回事了，如果一个人接受铸钟的订单，要邀请伙伴共同参与。另外，成员中特别有能力的人如果以个人名义开设"大工所"，就有权个别接受订单。

几经周折，在信长的乐市、秀吉的"乐市乐座"政策之后，釜座还复活了座组织，德川家康的所司代^①板仓胜重也承认了座的存在。为此，领头奋斗的名越氏家族因主导权问题与座内组织平等原则产生的矛盾一直延续到江户时代，微妙地显现出来。

釜座因铸造了方广寺"国家安康"大钟成为丰臣家族灭亡的转折点，其造钟技术之高超震住了诸国的铸工。这个巨大的钟，"唐金一万七千贯目余（重量），风箱一百三十二个，水门四条"，钟口一丈八寸，厚九寸。骨干铸工从三条釜座选了名越弥右卫门三昌，团队里有饭田助左卫门、藤原对马守国久、三昌弟名越弥五郎家昌；第二梯队辅佐骨干有骏河、江户、津、姬路、大和五位堂、奈良、河内、摄津、和泉、下野天明等，这次铸钟的过程决定了工匠的优劣，三条釜座胜过能制造釜名品的下野天明和具有悠久传统的河内铸工。这次铸钟有三千一百余人参加。姬路野里的芥田五郎右卫门

---

① 京都所司代是幕府在京都的代表，监察朝廷、公家贵族和关西地区各大名，并将各地大名送呈天皇的公文先送交幕府审查。

率领该国铸工来参加，以此为契机确立了他在播磨国内铸工的领导权，也可以推想到三条釜座对诸国的铸工也掌握主导权。今天三条釜座町里，大西家是历史最悠久的生产茶釜的最古老的茶釜师。以历史传统悠久得到赞美。

京扇与漆器
——工艺美术品

扇子的贸易金额比不上刀剑类，但是自中国宋代时期初始，扇子就和日本刀一起成为日本出口的主要商品。扇子本来是日本的发明，有两个种类，一种是把笏重叠在一起做成的丝柏骨扇，另一种是用纸折叠成的蝙蝠扇。夏天用蝙蝠扇，冬天用丝柏骨扇。最初的蝙蝠扇是在扇骨上贴一层纸，到了中国变为扇骨夹在当中，两面贴纸。现今的扇子能够变成这样，是日中两国智慧的产物。在日本发明的扇子通过中国传播到西洋，连西洋歌剧的女主角卡门在舞台上都手持扇子表演歌剧。

说起来，扇子有两种意义。一种是乘凉，用到秋天就弃之不用了，歌人芭蕉比喻自己不合时宜时说"我的风雅是夏炉冬扇"；另一种是见面的礼仪，是一种可喜可贺的象征。扇子具有扇风的实用性和礼仪的用途。京都名产的两类扇子普及到日本列岛，还出口到中国大陆、朝鲜、琉球。中世纪人们在大田插秧的时候一边吹笛子敲鼓一边歌唱，当时的歌谣《插秧歌谣集》的歌词里就有"送给你画着京绘的扇子"。在这个时期勃兴而且大成的能乐、狂言必须持扇起舞。继承这个传统，近代的歌舞伎、日本舞蹈的基本动作也是要拿扇子。这个传统与日本京都首创扇子并获得普及不无关系。

南北朝时代，城殿驹井作为京扇的制作地驰名天下，其附近有春日东洞院的御影堂（新善光寺），寺庙里的尼僧学会了制作工艺，造出名为"阿弥折"的御影堂扇。御影堂是一遍圣的时宗寺院，那里的尼姑就是靠做扇子谋生计。在中世、前近代，这种御影堂扇将绘有画的扇面纸叠出折线，成了最优秀的出口商品。室町到战国时期也出现了不少扇屋，以朝廷的木工寮为基地营业，永正年间（16世纪初），以本座、中座、下座的组织形式垄断了扇子的经营。批发商性质的本家有四家，其中一家叫布袋屋，规模较大且最出众，老板玄了尼是寡妇，在四条富小路的本店雇佣了三位折扇女工，她自己也干活。另外，她还有正亲町高仓的分店，让养女夫妇经营。光布袋屋商铺就占了京扇的一半营业额。

扇子的制作工序有扇骨加工、扇面加工、裱纸、施绘、贴箔、折叠，既搞批发也零售的扇屋就在店头一边展示折扇工艺一边销售。现在京扇的制造地在五条本町的一隅，按工序分工的商家鳞次栉比，他们互相配合生产出漂亮的扇子来。

漆器生产技术虽说是从中国传来并发展的，但这一时期京都显露出赶超发明地的迹象。据说，北京漆器都出现了模仿日本技法的一派。漆器产品范围有匣子、衣柜、木碗、用膳的食器自不用说，甚至还使用到工艺美术品刀鞘、屏风的边缘加工上。

西阵的大舍人座与练贯座

虽说日本过去有大和锦一说，但是锦、绫等高级织物还是依靠从中国进口；在日本虽然说什么国风文化，实际上平安时代贵族多穿进口丝织品。到了镰仓时代，京都才首次织出绫织物，有记载说：

京都的织工织出了唐绫。

可是到了室町时代，日本进口商品主要是生丝，正如混血的贸
易商人楠叶西忍所说，"唐船之利不过生丝"，通过生丝贸易可以获
得四五倍的利润。根据西忍的说法，在日本的备前[19]、备中[20]，铜
的代价在当地一驮[21]10 贯文，到了唐土，和明州、云州商人做生丝
交易时就价值四五十贯文了。此外，金十两在日本值 30 贯文，到了
唐土用生丝交换，就值 120 贯文甚至 150 贯文。江户时代，日本依
然是进口生丝，出口金、银、铜，葡萄牙商人来日本从事的南蛮贸
易也大体如此。

进口生丝也是日本丝织业发展的结果，京都作为日本丝织业中
心，其产品在数量上压倒了唐织物。

不知何故，进口生丝比日本国内生产的高级生丝便宜。换算
成钱，唐生丝一斤五贯文，而但州（今兵库县）的生丝一斤五贯
468 文，加贺、越前的生丝一斤五贯 156 文。这样一来，源源不断
进口的生丝会不会影响国产生丝生产呢？笔者认为不会，那个阶段
市场需求量大，国产生丝的价格不会突然跌落。前近代的宽永年间
（1624—1644）才出现问题，也是因锁国政策和由指定商人经营进口
生丝的"购入制度"引起的。

话说丝织业行业里，京都大舍人座和练贯座用各自的产品垄
断洛中的买卖。大舍人座的地址在平安京旧诸司官衙町的大舍人附
近。大舍人是御所舍人的居住地，舍人不当班时学会了织工技术，
开始用织机进行丝织品生产，就此传承。从官衙町发展出中世纪的

产业，这事真是有趣，也只有京都才会出现这种事情。他们制造、贩卖绫织物，文安六年（1449 年），大舍人孙三郎接受了高野山镇守给舞童定做服装的一份订单，在《闲吟集》中他得意地夸耀自己的产品多么好：

> 大舍人的孙三郎，精心织成绫衣裳，
>
> 牡丹、唐草，狮子、象。
>
> 雪中竹篱桔梗花，步移映现白菊花，
>
> 海风吹来窝寐思，大贵人的竹林下。

其他成员还有属于大宿织手和内藏寮的御绫织工，大舍人座由这些织工集结起来组成。大舍人座的织工多为男性，可是绘卷物《七十一番职人歌合》中，却将织工多描画为女性。举例来说，掌管天皇服装的内藏头山科教言要给儿子做一套新官服，他给柿木尼妙婵下订单请她来织，可是柿木尼收了钱跑路了，弄得山科很尴尬。从这个例子看来，实际操作是女性多，在接受订单的时候名义上由男性家长出面承包。

练贯座住地在白云町、新在家町一带，以制造贩卖练贯为主。所谓的练贯是一种平纹丝绸，纵向纱线使用生丝，横向纱线使用熟丝。如果把经纬线的丝线种类倒过来，就可以生产出美丽的丝织品以制作和服裙裤。大舍人与练贯两座因生产对方产品造成侵权，经过激烈争论后诉至法庭。永正十年（1513 年），大致的裁决下达，大舍人座专卖厚地的织物[22]，练贯座专卖条纹、格纹、繦[23] 等丝织品。可是到了天文年间，论战还没有结束，为了争取有利判决，大舍人座争当将军夫人家的家臣，做将军御台所跟班对抗练贯座。因为当时练贯座早已经是将军的家臣了，大舍人座曾被誉为"京都没有主子的贵人众"，他们为争取更多的政治力量支持而投靠将军，不得不说是不得已而为之。当时，大舍人座的成员签名为 31 人，组成人数与签名数量大致相同，技术高超的成员还组织了内藏寮，直至江户时期仍保持着"御寮织物司"这一可以夸耀的称号。

中世纪，有关古代"罗"（夏天的薄绢）的制法失传，有许多研究者认为这是织机业衰退造成的，其理由是公家贵族的势力减退，市场需求的方向随之改变。由于技术得到改良，普通商品的生产兴盛起来。据说，大舍人的织工为躲避应仁之乱、文明之乱分散到堺市，在那里学会了明朝传来的技术。战国时代，也许正是依靠大陆的技术，大舍人座垄断了丝织品中的所谓"厚地的织物"的制造和贩卖，前文已经述及。大舍人座原来使用平机，后来使用高机来生产有纹样的丝织品。根据《西阵天狗笔记》记载，弘治年间（1555—1558 年），井关宗鳞研究出纹样的织法，传授给了俵屋的莲池宗和；据《雍州府志》记载，俵屋在庆长年间（1596—1615 年）织出了接近"蜀红锦"的唐织，即用五色丝线织出花鸟和菱花纹，野本氏织出金襕花纹。

> 西阵之人效仿中华之功，金襕、缎子、繻子、细绫绉纱、纹纱类，无所不包。

在天文法华之乱中，野本氏和本阿弥、后藤并列大将活跃在丝织行业。唐织的样子类似于现在的新娘子的罩衫、和服带以及能乐服装用的料子。提花织机大概是从中国江南引进的,在西阵叫作"空引机"[24]。机器上方坐的织工把纹样所需的经线向上拉,做一个杼道出来。能从江南引进技术仿效"唐织"甚至开发新技术的原因恐怕是大量生丝的进口。

其他还有东洞院二条南的栎氏制作的"倭锦",这种织物也被称为云𬘬锦、神锦、车锦,主要用于大内或神社,属于公家装束纹织物。优雅的"辻花"京都和服是请观音堂辻子的扎染师、刺绣师、缝纫师通力合作制造出来的。江户初期,宫崎友禅斋的"友禅染"已经打下基础。为制作一袭和服,批发商人游走于染坊、扎染师等各种工匠之间进行沟通,所谓"批发商制度下的家庭手工业",正是协作努力的成果。

自治城市的样貌

工商业者居住的地区

室町时期,洛中酒屋不足 400 家。应永二十六年(1419 年),属于西京北野神社的曲座称自己应该垄断酒曲的生产和营销,向幕府告状,想借幕府的力量取缔制酒行业中私自设曲窖的酒屋。可以说,有幕府做后台的西京神人曲座垄断了整个洛中。这一历史事件里,洛中酒屋的地址、老板的名字都一清二楚地记录在案。土仓[25]大约也不到 400 家,地址都有清楚记述。在足利义满收酒屋土仓税之前[26],他们大部分都是"山门气派的土仓",在比睿山延历寺的保护之下，其后似乎也和山门继续保持联系。

此外，绵座和木材座的地址也可查。祇园神社下属的绵座成员，除了上一章我们谈到的町大街，还零散地分布在城市各地。木材座亦称堀川木材座，这些商人为处理堀川水运而来的木材各处散居。五条堀川有木材市场，元庆三年（879年），木材商人把堀川一二町一带捐赠给祇园神社之后，他们也成为附属于神社的神人。举办祇园御灵会时，在鸭川建造浮桥让神舆通过，这是木材座的一种效力方式。战国末期，织田信长的所司代前田玄以的命令文书首肯了他们在洛中垄断"大锯板"（大锯纵向切割的木材）的专卖权。纵向切割比用斧头切割能更为大量地生产便宜的板材，大锯大约在（日本）南北朝时期传来。堀川的木材商人出售大锯板较早，从既得权发展到专卖特权。所谓座特权，一般通过技术垄断实现。永和三年（1376年），大山崎的油座住京神人已经有64家，甚至史料上连店铺的位置都写得很清楚。

按照行业种类结合的座

如同绵座、木材座属于祇园神社一样，工商业者均从属于当地有势力的神社、庙宇，他们一方面替神社寺院办事情，另一方面获得商业特权。执政者的困难是各行业贡纳物不能够顺利上交，于是就按该官府所管辖的系统向商人征收营业税。比如朝廷的大炊寮对洛中的米店课税，对造酒司收造酒税。因为只允许缴税的工商业者具有营业权，所以工商业者就组成行业团体不允许其他人加入，不久成为垄断集团，上缴的营业税也由团体承担了。他们按照职业种类各自成立了强势的座。像祇园绵座那样属于寺庙、神社，成员自称神职人员或寄人[27]的座，他们已经在一定区域内垄断了营业权，他们和官衙讨价还价，压低营业税，用少量的税金来继续贯彻垄断，违者必究。其中，大内左右的近卫、尉门府所属的抬轿人也组成了四府轿夫行会，为了减少营业税，他们在天皇行幸的时候在大道上静坐示威，获得了有力的垄断权。此外，米座也支配了三条、七条的米场，操纵了洛中的米价。

可以说座与西方自由城市中行会的成立相仿，这种垄断权不光在"町"内固定的店铺和市场奏效，还波及商品物流方面。比如今村弥七是物流商，他垄断了从山科到京都盐的贩运和其他大件商品的运输流通权；长坂口绀灰座收购从丹波到长坂口一带的栗木木炭并垄断了收购权；还有淀鱼市垄断了在淀川上游濑户内海的盐和咸鱼，不胜枚举。进入京都的关口叫作京都七口[28]，它不仅要收通行税，还进一步提供信息给已经缴税的座组织，揭发座外商人违规运货的行为。

地区性结合的两侧町的成立

日本南北朝时期动乱造成政权交替、政局不稳、盗贼横行，大商人居住的町为了应付以上种种局势加强了自卫和自治。早在南北朝时期祇园神社的绵座商人就在三条町、四条町设店铺，自称为"町人"，他们展开了激烈的民事诉讼，来剥夺串街走巷叫卖货郎的营业权。串街叫卖的商人里女性较多，她们也不服输，追究到在后边撑腰的绵座，结果打成平局。

如前所述，北野神人的曲座和洛中酒屋对抗的"酒曲骚动"，即西京北野曲座在幕府使者见证下破坏了洛中酒屋的曲窖，并收取了洛中酒屋的"以后（洛中）酒屋不造曲窖"保证书，单单这一件事便留有町人署名的古文书。这个"町人"不是町内普通居民，而是町共同体的成员，主管由町成员轮流担任，代表町组织。保证书一共有52份，町人署名盖章的有29份，可以得见这个町是有主管的、自治的町。

另外一个佐证是祇园御灵会的戈山彩车、矛车（"山"跟普通花车差不多大小，如孟宗山、伯牙山等；"矛"则很高，如长刀矛，高可达八九层楼）游行。町里派出的戈山车、矛车代表道路两侧的住户、商家构成的两侧町，矛车和戈山车都以町内会的名义出钱制造，这可以回溯到南北朝时期。康永四年（1345年），"戈山以下作物"彩车[29]游行，与送神时随行神舆的矛车不同。说起康永年间的事，那也是绵座争端里三条、四条的绵座商人自豪地将自己称为"町人"的时期。过去我们只知道在"应仁之乱"之前，有町共同体出资造戈山彩车，这回我们也搞清楚了从南北朝时期就有町共同体出钱造矛车、戈山彩车。三条町、四条町也造了彩车，四条町的长刀矛车走在彩车阵前面。

中世纪都市京都

经常有一些理论说，对比西方而言，日本中世纪城市并不成熟，其理由是日本城市的地缘结构和农村很类似。可是町共同体是由商业街道路两旁的店铺构成的，即由两侧町构成，这一点正是京都为中世纪城市的证明。自古以来，农村区划以正方形的一贯为基本组成，町虽然是地缘共同体，但与农村共同体的性质不同。

"町人"虽然是町这个共同体的成员，但是买卖人必须还要加入自己行业的座，否则做不成买卖，可以说他们是双重隶属关系。经研究，欧洲中世纪城市居民也有隶属地区共同体和行会的双重隶属关系。町与农村不同的证明是地租的缴费方式差异，从南北朝到室町时期，城市住房每年缴纳的地租叫作"屋地子"，这种町的地租已经普及了。具体要看住宅商铺正面宽度，按照尺子测量出的数来缴。商业街以买卖为基础，所以不按照房屋面积而是按照临街铺面的宽度决定收费多少。祇园神社下属店铺大体上按照每尺三十文缴纳，等于从前租粮的六倍。如果按照农村的地租来收，商业街没有农田只有宅地，所以比起收益来地租是小额的。

那么买卖土地利益率如何呢？比如祇园神社南大门百度大路一块叫作西颊的地，应安二年（1369年）祇园神社花八贯文买下，在贞和二年（1346年）以十三贯文、贞治四年（1365年）以十贯文买卖，利益率各自为九分九厘、一成二分。

那么町屋负担相当于农村田地六倍的宅地地租，是不是也得到了相应的好处了呢？没有缴纳名为"屋地子"的地租以前，城市居民有各种负担。可是当他们的负担变成单纯缴纳"屋地子"以后，与领主的关系便成为契约关系，东家不再是领主，而近乎地主。

租地证书上多数写上"不应有自专永领之思"，"永领之思"包括很多内容，如租户只要缴纳一定份额的"屋地子"就有权买卖房屋，只要把交易购房费的十分之一付给领主就可以得到承认，不过这只适用于洛中的土地，洛中居民才会有土地处置权。与此相反，北野神社、祇园神社、东寺境内寺社领主土地上的租户不能进行房屋买卖，租户对土地的权利不大被承认。例如，有人因为不知情买了东寺领主的房子，眼看着吃了苦头。应永十五年（1408年），他卖出时东寺虽承认买主，但是没收了卖主的新家。

寺社领地之外的洛中土地在房屋买卖时须上缴给东家十分之一费用的惯例，在丰臣秀吉免除洛中地租之后依然存在，这十分之一要缴纳给所居住的町。直到现在，祇园山矛町新搬来的住户仍然有缴纳给町若干金钱的习俗。

在警察裁判权方面，寺社领主支配的地方与京都一般区域明显不同。寺社领主支配的地区原则上由寺庙神社掌握警察裁判权，所以较为强势。一般的洛中地区由幕府直接管辖，下属的町共同体自己私下了结案子。遇到大事，幕府侍所出动，民事诉讼由政所裁决，町内部的事情在町内部私了。比如在天文年间（1532—1555 年），四条伞矛之町在町内进行"罗汉赖母子讲"（民间金融互助会）活动时，规定了"众中式目"（方针），没有写明利息。幕府也效法此规定，命令说它不适用于德政（免租税的仁政）。扛货物上山的挑夫也有"座中法令"，幕府以民间法令为标准行德政。织田信长给绢屋町的新条令写道，"町中之仪应各自规定法度"，原则上是仿效町中法令，承认自治权。即使在幕府权力很大的前近代，仍沿用习惯法——町内事务按照町中法度由町的名主来私下解决。

町组的形成

进入战国时代后，出于治安方面的考虑，町组即町共同体的联合出现了。上京有五个町组，下京有五个町组。古文书上记载着战国末期天文六年（1537 年）下京的样貌，上、下两町组都出现在记载里的是元龟二年（1571 年）的古文书。考虑到日本南北朝、室町时期就出现了町共同体的话，町组的形成则应该更早一些。天文二年（1533年），下京六六町的月行事向祇园神社递交申请，希望参加戈山彩车游行："纵无神事，欲渡山矛事候。"即使没有请送神的祭祀活动，单送戈山彩车在室町时期就已有先例，足利义满曾带领仍是少年的世阿弥观看过戈山、矛车巡行。六六町参加的这次彩车游行颇为壮观，可见町共同体的联合已经发展起来。

一个町组由12~15个町共同体组成，五个町组联合起来各自构成上京、下京的自治都市，上下京联合讨论重要事务。下京的周围筑起构，被称为下京要塞内，最近的考古发掘挖出一部分来。禁内六町应称为大内门前町，它也模仿下京筑起构。町组的成员都有房产，在织田信长火攻上京以后，下京町组为给信长捐钱从各町征收了费用，基督教神父路易斯·弗罗伊斯有一段记述：

> 城市居民中元老（町委会负责人）等协议（中略）其为大小各町课银十三枚（中略）对于那些不能缴税的人，就用暴力把他们从家赶走，从卖房的钱里拿出钱来缴税。

可见町组里的贫穷人家也有房产，但当时町组对于出不起分担金的人很冷酷，要求他们即使卖房子、卖地也要出钱，然后再把他们赶走，这是很常见的事情。拥有房屋的町人从各町选出元老执事，町组运营由各町的负责人每月轮流值班，町组是身份平等的横向组织。不过町组也具有阶层性，由门阀町人支配。那么这种纵向的阶层性表现在哪里呢？那就是町及町组之间，亲町和枝町、寄町之间的等级。比如元龟二年（1571年），上立卖亲町组有亲町14个，寄町29个；天正二十年（1592年），有枝町20个，枝町的离散町34

个，这些枝町全都要听从亲町的指挥运营町政。根据秋山国三先生研究，亲町组的负责町被称为"御奉行"。

町共同体或町组成立之后出现的町或在亲町的陋巷诞生的町，都不能以对等的关系加入町组，而会被编入枝町，就像按照行会种类结合的本座与新座的关系一样。共同体内部是平等的，共同体之间或对其外的团体则有阶层性支配，这是中世纪的特色，毕竟共同体是为了守住特权而联合的人所构成的内部平等的集团。

上下京的町组显示了中世纪日本城市样貌，它的形成比近郊的大山崎、大阪南部的堺、九州的博多要迟。这大约还是因为它处于政权所在地皇都，作为基层组织的町共同体早已有之，而它们联合起来主张自治权就晚多了。

冷泉室町的人们

在上下町组明确形成之际，出现了禁宫六町（亦称六丁町），即服务于皇宫之人居住的町。六町有一条二町、正亲町二町、乌丸、橘辻子，他们从事大内保安，修筑堀、垣墙，建造土墙等。这些人免除所有徭役，还有德政免除特权（向他们借款的人不能赖账），可知町内住着很多放贷的有钱人。信长、秀吉也沿袭旧法，承认他们的权限，他们的住处与上下京大约同样以构围住。

如前所述，洛中出现了上京、下京、禁里六町等町组，高高筑起构来保卫自己的生活和特权。很显然在天文年间，构外出现了新兴的町。有关二条室町中冷泉町的记录是稀有的史料。文禄二年（1593 年），冷泉街东西两边分别有 29 家、30 家商铺，这是一个工匠町，居民已有两三代，在天文到文禄的半个世纪间逐渐形成。室町时代，冷泉町还没有出现，再追溯到平安中期《池亭记》里的记述，这一带叫作上边，是显贵豪邸鳞次栉比的地方，而室町冷泉所指的正是斧音不断、禅寺信者云集、歌舞升平的小野宫一带，将都市的兴衰样貌表现得淋漓尽致。

新移居来的人出身地多为近江、奈良、京都近郊，这里还是洛中的商铺分号所在地，这些人靠家庭手工业承接批发商的订单谋生计，按各自承包的精细化分工来包产到户。现在京都也有支持传统产业的手工业，其原型都可以在这里找到。拿作为京都主要产业的纺织业来说，冷泉室町一共有八家，从纺线到刺绣样样齐全；扇屋11家，甲胄匠三家，皮革雕工一家，皮屋三家，鞘师和泥金画漆匠合起来三家；金属工业有金银精炼、银店、铜店、锡店和针店。

其中最有趣的是鞘师，他们在二条附近卖一种名产品——叫作"洗鲛"的皮革，用于刀柄和刀鞘，每年进口的数十万张皮革在这里被加工成洗鲛。二条的工匠到长崎去大量收购皮革，然后拿回来浸泡数日后进行加工，冷泉的鞘师买进鲛皮涂上漆做成刀鞘。二条附近产名刀"佐伯柄卷"，刀柄多用鲛皮绦子，然后用不同颜色的线绳做装饰。二条油小路也有为赝品刀配套的刀具商店，他们生产仿制品。前面讲过从奈良运来批量生产的用稻草包装的束刀，它们在这里配上刀鞘，加以镶嵌金银，用鲛皮、彩色线绳装饰后卖出。一般评价二条油小路的赝品刀比京极四条的"寺町物"要好，冷泉室町的鞘师、涂漆匠、金属加工工匠所构成的一条龙生产线无疑对此作出了贡献。

冷泉室町的木工师傅除了五位临时从外地来打工的木匠，其余的都常住于此。每位匠人都带着两三名徒弟，规模和当今的小微企业差不多，在中世纪也算是体面的工匠了。还有高级奢侈品生产业，如泥金画漆器、茶道的小茶勺、画工、毛笔等，可以说冷泉町支撑着京都的手工业生产。

虽说工匠们处于封建权力的统治下，但他们也结成了自治的町共同体，有汁讲[30]（聚会），把工作、生活、町政有机地结合起来过日子。庆长九年（1604 年），太阁秀吉的七年祭——丰国临时祭礼，上下京的町组全都身穿"红色生丝纱贴金箔"的服装踊舞，冷泉町众也出钱参与了，当年光东侧的 30 个店铺就出银 272 钱 5 分和 7 钱的捐款，一家约出 9 钱银子，折合成米价可以购数斗米。由此足可见町人的实力。

顺便说一下，丰臣秀吉所筑的御土居把这些随着上下京为中心发展的新兴街道也囊括其中了。

洛外：周边的农村

伏见·深草之地
——《看闻日记》中描写的洛外周边其他农村的样貌

我们把眼光转向洛外。当京都各町以共同体联合方式进行自卫的时候，京都郊外的农村也组织起共同体或联合体加强了防卫。关于室町时期近郊农村——伏见的实际情况，当地的领主伏见宫贞成亲王在《看闻日记》里做了详细的描写。

贞成亲王是后花园天皇的父亲、伏见宫家的户主，他主张天皇系谱以持明院系统天皇为正统，后花园天皇继位前他时运不济，一直在伏见隐居，其认真撰写的《看闻日记》给世人留下生动地描绘当时社会形势的贵重史料，他事无巨细地将伏见发生的事情记录下来，是我们了解室町初期京都近郊农村唯一的史料。

在伏见、深草地方有持明院系统太上皇御所的伏见殿，南部为巨椋池，在这个地方看月亮可以同时看到天上月、河中月、池中月、杯中月，所以叫作指（与四谐音）月。伏见殿宽广的庭院之中，到处建有楼阁。日本南北朝内乱之后，足利义满也曾经想将它作为私宅，几番周折之后又还给伏见宫家。

伏见殿被伏见庄园所环绕，这个庄园与庄园主同名，伏见宫住在这里直接进行管理。伏见庄的下司[31]三木家兼任御香宫神主，政所由地侍[32]小川家运营。前近代初期好像有九个村子，可知的村名有三木村、舟津村、山村、森村、石井村、野中村。村里有地侍、地下人（百姓）阶层，各自结成宫座[33]。地侍亦称殿原，他们的组织多称"大座"；地下人称为"村人"，结成村座。属于座的人按照入座的年龄排序，地位平等，但也会因分家或其他原因产生新座。看一个人要看他属于哪个座，所属阶层就一目了然，村里还有地侍或富农的下人。

该庄园的人口记载为四五百人，因永享五年（1433年）石井村的巫女[34]家有盗贼出入，当地的守护神社御香宫为了查明此事，把所有老百姓都集合到一起统计了人数。御香宫是庄园全体成员聚会的地点，如果遇到一揆等紧急事就敲钟把全庄园的人召集到这里。

据说御香宫神社地址位于现在的神旅所附近，每年的祭祀典礼从请神的9月1日始，一直持续到9月9日，祭礼节目有相扑、风流、猿乐。能乐历史上一件有名的事件也发生在举办祭祀典礼的时期，那就是由伏见御香宫授予丹波猿乐的矢田座剧团名为"乐头职"的上演承包权，剧团因为贫穷将这一权利抵押给当铺，观世家要买，被村人赎回又还给矢田座。

前近代的《山州名迹志》里把御香宫神社记载在延喜式的御诸神社条目之后，御诸指森林树木，御香宫一带因为井中可以汲出很香的水，所以有井户信仰。《看闻日记》写道，"有御香宫本尊、释迦像十六善神"，可见该宫信仰为神佛调和性质。此宫有神社巫女，贞成亲王要请她们占卜自己的病状和日常吉凶。

丰臣秀吉要出兵朝鲜的时候，流行神功皇后祭神说。文禄元年（1592 年），丰臣秀吉参拜御香（功）宫时欣赏巫女的美貌，说了一句："多么漂亮的女官啊！"据说江户时代，北村季吟也在筑前香椎宫请神，请的是神功皇后的灵。丰臣秀吉尊崇的御香宫曾被迁移到伏见城作守护神，后来德川氏又让其还给原处，现在建有非常漂亮的神社建筑，变为团结村民的祭神活动中心。

攻到城下的洛外村民
——德政一揆

洛外居民被称为"乡下人"，但他们并不是狂言里描写的尽受京都人欺骗的老实家伙。如前所述，洛中有土仓 400 家。洛中的人举债，洛外的人们借债的也不少。欠债的还不起，就要求施行德政，老赖蜂拥到京都的土仓处示威。所谓"德政一揆"是后来的称呼，当时叫作"土一揆"（农民起义）。

德政一揆开始于正长元年（1428 年），高潮是嘉吉元年（1441

年），从近江之地始，农民团体要求"换代德政"（指新天皇或将军登基时免除债务），烧毁法胜寺。他们在东福寺、东寺、今西宫、北野神社、太秦寺等布阵，一共在16处设营地，京都完全被包围了。

德政一揆的目的当然是希望统治者颁布德政令，如果没有德政令颁布的话就要求私德政。一提起德政起义就容易联想起火烧连营，其实未必，一般看热闹、点火起哄的人更多。起义者把京都围得水泄不通（十重、二十重包围）不过是为了威吓，并没有付诸暴力，可以说是在进行团体交涉而已。

据《康富记》记述，享德三年（1454年），土一揆农民踞守在东福寺、东寺，9月11日晚上蜂拥到位于一条乌丸和东洞院之间的扇仓、正亲町乌丸的药师堂仓，在那里发出呐喊（表示战斗开始）要求德政。土仓答应第二天负责把他们典当的东西还给他们，土一揆撤退。他们可以在翌日或是在约定时间去拿抵押品。这就是私德政，并且双方还约定不要闹到"嗷嗷之仪"①发生，避免闹僵。幕府德政令中写道，"因有女性参加，斗争时间尽量选在白昼"，为防止发生暴力事件，私德政也一样。欠债者与一揆参加者或许不是同一人，在这种意义上，土一揆是有高度组织性的行动。

长禄元年（1457年），土仓也聚集兵力踞守因幡堂与幕府军一起迎击一揆。可是土仓失败了，11月土一揆进京，土仓交出抵押品。有记载说，土仓宣告："乡下人可以白白拿回去，住在竹田、九条、京中的人要出原价的十分之一才能拿走。"大概土仓与一揆商定城市居民要出债务的十分之一才能废除债权，洛外的农民因事后

---

① 原文为嗷々の儀，嗷嗷本意为发出叫声，《古活字本保元》中引申为争斗，另有"嗷々之沙汰"一词，指以暴力手段强行使某一事得出结果。

与土仓没有什么商业交往，所以能强行取回抵押品。这展示了当时社会生活状况，随工商业发展，以买卖为主的町、城市和以农业为生计因商品经济的渗透生活倍受挤压的农村——城市和农村的利害之差十分大。

于是幕府登上舞台，首先颁布"分一德政令"，就是幕府征收债务的十分之一或五分之一是施行德政令的必要条件，后来又扩展到"分一德政禁制"，就是债权人如果上缴债务额的十分之一或五分之一，政府就保障他持有的债权。不论是哪一种，幕府都介入了私人借贷关系，可以说吸收了过去和一揆、土仓交涉的私德政经验来处理问题。

要求德政起义的土一揆大体以共同体单位参加，不参加的人会遭到全村人的唾弃（村八分[35]）。这是为什么呢？因为虽然有个人的欠债，但是共同体的借款也不少。这个时期洛外的不少农村都有"村承包"——惣村承包租子（年贡），自己掌握检断权，村共同体负责筹措年贡、提供武士政权下达的徭役，所以哪一环节都离不开借款。比如天文十五年（1546年）一揆之后，提出德政申请的欠债集体（惣、地下人、座）有高野乡、修学院、薮里乡、小野庄供御人；而土仓方面申请保障债权的有20个自治集团——洛外的惣村嵯峨小渊村惣、久我惣庄、松崎惣；洛中的惣町梅小路、盐小路；鱼屋十人众的同业组合等。

山城国一揆、西冈一揆
——自治共同社会的结成

上述具有经济性质的牢固村共同体，当自身波及政治方面就发展为共和政治的自治体，即跨世纪的公社成就了南山城的"山城国一揆"。这与江户时代发起武装暴动的一揆不同，可以考虑为自治政体，他们自称为"惣国"。

所谓"山城国一揆"，是指文明十七年（1485 年）相乐、缀喜两郡及久世郡的当地人、乡村武士、农民聚集到宇治平等院。应仁之乱、文明之乱的余波中，畠山政长、畠山义就的军队以南山城为战场交战，山城国一揆的目的是把他们赶出去，与此同时，两郡打算建立自治的共和政治，这也就是自治公社体制的开端。两年后，西冈（乙训郡）也结成了一揆。广为人知的是，早在永享元年（1429 年）播磨农民就决议"国中不许有武士"，之后伊贺也成立了惣国，所以畿内相临近的国有着形成自治公社的条件。

那么为什么当地居民、乡村武士、农民能够赶走具有强大武装的两位畠山大将呢？如前所述，在信仰方面，畿内农村的乡村武士的大座、农民的本座和新座都以土地神信仰为纽带建立了"宫座"。有的村子里以宫座为基础分化成行政的组织，共同体中的地缘联系非常紧密，俗言道"百姓常理，同类一伙"。过去属于畠山家臣的乡村武士和农民实在受不了战乱持续，考虑放弃主从关系，以地方共同体联合关系为主，从而以共同体的力量排除从他国而来还把此地当作战场的两位畠山大将。根据黑川直则先生的研究，农民要拿出很多钱来让两位畠山大将撤退，其未付部分就有 200 贯文。即便如此，他们也筹措了大量资金，成功让两军撤退，可见国一揆的潜力。

就此，"国一揆"实现了公社自治，承认公家和寺院神社所领有的庄园领主（称为本所领），废除新设关卡。比起武家支配的领地来，庄园领主对于当地住民的统治更为宽松，畿内大部分庄园领主实行村自治，村落承包地租。所以，国一揆的目的就是肯定村落自治这一点。至于废除新设关卡，就是要求自由通行。所谓关卡收费无非就是买路钱，让受益者负担修建道路的费用，当时因为收取买路钱的行当很有赚头，所以一些人就胡乱设置关卡，通行和物流受阻。到了织田信长、丰臣秀吉时代，为政者用统一权力彻底地废除了关卡，而那百年前，能由土著、自治共和的"国一揆"提出这一主张，实在令人瞩目。

明应七年（1498 年），乙训郡之地（它与山城国一揆之地南山城隔着木津川、宇治川、桂川合流地带遥遥相对）也成立了国一揆，称为"西冈的惣国"。事件发生的契机是守护山城的管领细川政元要把年贡米的五分之一征为兵粮米，国一揆一方面送礼请求免除，另一方面采取灵活的策略，在寺庙神社本所号召大家按乡、国单位参与斗争。当然农民也参加了，取得主导权的是鸡冠井、竹田、物集女、神足等地的豪绅和乡村武士。

形成确认债权的城市

大致区分一下，在乡村呼吁德政的土一揆主要目的是取消债务；而在京都以及周围街市，有钱人站在反德政的立场上，他们要求保障债权。德政令频频发布的当口，在大内担任御仓职的御用商人立入氏等获得了德政免除权。可是，直到永正十七年（1520 年），大山崎才以城市为基础首次获得了德政免除的特权，其经过如下。

为了与管领细川高国对抗，细川澄元与三好之长从阿波起兵奔赴京都作战，事先要在沿途的西冈一带收买人心。不出大家所料，当然要用利益引诱。他们似乎和乡村惣中约定发布德政令，和都市的大山崎惣商议给予德政免除权。在与管领细川高国交战不断取胜的阶段，细川澄元与三好之长刚一控制西冈这一地带便发布德政令，三好之长在战胜后立刻给山崎送书信免除德政，还表示如果一揆蜂拥而至，你们可以自己防御。后来，细川澄元、三好之长等人的势力被卷土重来的细川高国击败，细川高国一方也用正式的奉行人奉书，给予这里德政免除权。这是因为如果想要进攻京都，大山崎是一个枢要之地，为了拉拢大山崎及惣中，不得不给予他们德政免除权（或德政权）。

过去德政免除权一直是授予与官方权力者相勾结的商人，比如大内御仓职的立入氏。可是这次却是首次给予惣中。当然，作为利益交换，大山崎惣中也申请所谓的"德政免除权"来选边站，也就是以惣中为主体不得施行德政。大山崎市里有债权者也有欠债者，惣中本身也从土仓借款，作为惣中，想获得的保障债权当然是站在高利贷者的立场上。催缴债务、保障债权、还清赊款是近代借贷关系的原理，不分善恶，保障债权可以说是一种前奏。从这个意义上讲，城市就是中世纪迈向近代的缺口。其后，获得德政免除权的地区有八幡乡、大阪寺内、堺、坚田，作为集团的有京都土仓、嵯峨境内土仓、诸寺。信长、秀吉也给城下町"德政免除权"，大山崎则成为他们的先驱。从这个意义上讲，中世纪的城市也成为近代都市形成的先驱。

战国时代的京都
——洛中洛外图的世界

战国政策的推移

应仁之乱、文明之乱发生时，京都的房屋被烧毁，和歌里甚至说它成为云雀做窝的荒原：

> 你可知道，京城被无情地烧成荒野，
>
> 夕阳下飞舞的云雀见了都落泪。

文明八年（1476年），幸存的室町将军御所也因近邻失火遭延烧。将军御所包括足利义满的花御所室町殿、义持的三条坊门宅第、义教的第二次室町宅第，还有将军义政的乌丸殿，他把自己长大成人的宅邸定为将军御所。长禄二年（1458），即大乱爆发前夕，幕府突然对原来的花御所室町宅邸进行第三次营造，庭院是由有名的泉石名手河原者善阿弥造的。在大乱之中以官军的名义保下来又得到天皇、太上皇的行幸，这个宅第的寝殿也作为皇居了，可是就连这个室町御所也烧毁了。将军义政从细川胜元那里借来小川殿作为别邸，和妻子富子、儿子义尚搬过去一同居住。义政对于小川殿赞不绝口，其实宅邸狭小，据说义政住在东御殿、富子住在西御殿，地址就在一条以北现在的宝镜寺那里。

幕府向各国农村收土地税名曰"段钱"[36]，在城市里向酒屋、土仓课役，进行室町宅第的再建工程，土御门大内也开始修造。为解决修建大内的费用问题，幕府巧立名目加强京都七个关卡的收费，也成为土一揆的攻击目标，传闻不少钱被日野富子中饱私囊。据说在大内的修理过程中，将军夫人富子自己掏钱铺设地板等，如果说这是事实的话，那么私吞关卡收费大概也是事实。重要的是整个过程都不透明，是一笔糊涂账，那是战后的混乱时期，物资金钱都集中到特定的经办人那里。总之文明十一年（1479 年）年底，后土御门天皇时隔 13 年后从寄居的日野政资宅邸回到了皇宫。将军义政因处理不好政务而灰心，隐遁到岩仓长谷之地，不久后营造东山山庄，这项工程是大乱之前早就计划好，后来停顿下来的。那块地曾属于延历寺分寺的净土寺，义政不顾战乱的后续问题，就倾尽全力修建这个追求风雅的东山山庄，它后来又称慈照院（寺），通称银阁寺。文明十四年（1482 年）二月开始施工，直到延德二年（1490 年）他在相国寺死去的时候，观音殿（银阁）还没有完成。

东山山庄直到最后也没有营造正式的寝殿，幕府正式的仪式都在常御所进行，也算是个特色。说到底，东山山庄是一个隐遁用的私人山庄，不是北山山庄（金阁寺）那种公开场所。不过这个山庄凝缩了武家的固有文化，足可以与公家文化相对抗。根据中村昌生先生的研究，东山山庄的原型是西芳寺（通称苔寺）。观音殿为两层，底层为心空殿，上层为潮音阁，潮音阁也是沿袭西芳寺造的。与金阁寺的寝殿造的设计不同，银阁寺按照书院造的设计风格统一起来。东求堂原来在银阁的东方，似乎在江户时代迁移到现在这个地方。建筑显示了义政在禅的环境中一心憧憬净土的思想，义政将军想让它"像西芳寺西来堂一样"。

着手修建银阁寺之时，大乱余烬未消，幕府却命令山城的庄园主上缴用于修建寺院的金银，提供劳动力，对守护大名征税，要求诸国百姓缴纳段钱，还用上了与明朝做勘合贸易^①的收益。

总之，这个山庄的建筑费是到处搜罗能到手的钱得来的。可是工程进展极慢，还未完成义政就逝世了，这一点前面已经讲到。根据遗言，这里要成为慈照院（寺），过了40年，到天文年间这里只剩下银阁和东求堂了。

前边提到过，义政厌恶从政，以文人自居，其妻日野富子便取代义政掌握实权。义政死后不久儿子义尚行了成人礼，开始执政，他组织了在京武士团，建立将军的亲卫军，并打算实行独有政策。这一政策，正是征讨守护大名，因为这些守护大名侵吞了本来属于寺院神社的土地和在将军侧近服务的家臣的土地，义尚首先讨伐了近江的六角高赖。首战得胜后就没怎么征战，又在栗太郡的构设阵驻扎一年，结果因沉溺酒色而亡。

京都的市政负责人

将军、管领的矛盾斗争接连不断，胜败无常，各路大军在京都进进出出。这时候京都的市政是怎样管理的呢？

室町时代，大名都在京都为幕府效忠，后来参与争权夺势的大名大部分都回到自己的领地，致力于本国的整顿。幕府力量强大的室町时期，中央幕府的自信影响到各种大名势力的均衡，而到了战

---

① 勘合贸易，明朝外国来华进行朝贡贸易的一种称呼，也叫"贡舶贸易"。

国时期，大名只有通过平定领地内部秩序，认真经营与邻国抗争，才能保住自己的地位。

最初，京都的市政即治安、警察权和审判权由侍所来掌握。可是应仁之乱以后，连侍所的头人所司也来不齐，据说当时的状况是"夜夜有强盗、小偷，治安脱离了常轨"。那么京都的市政由谁来管呢？由"所司代"！所司代成为京都的治安、市政管理负责人，这个职务沿袭到德川时代。应仁之乱后，担任侍所所司的大名经常不在京都，而住在自己的领地，京都主要由"所司代"来掌管刑事和审判。大乱之后，京都著名所司代是多贺地方的丰后守高忠，他审判公正而富于人情味，有大冈忠相判案[37]等故事流传很广。所司代之下还有寄人、杂色、公人，寄人的头领叫作开阖[38]，有"四座衙役"的传说。这是义政时期形成的由四个家族担任衙役的制度，即把京都市分为四个部分，衙役各自管辖四分之一的地盘，治安等工作由下部机构来管理的原型在那个时代就形成了，四座衙役在祇园祭祀的时候也积极参与管制。

洛中洛外图的世界

能乐《放下僧》的一节以这句台词开始：

> 别有风趣的花之都啊，不可名状。

该剧目介绍了洛中、洛外的名胜古迹。在狂言歌谣中也有这段小歌，被《闲吟集》收录。乱世即将收尾的战国后期，双六棋盘画也出现了统一天下的"道中双六"[39]，地方诸侯特别关心进京的事儿。歌谣和图画中，京都洛中洛外名胜图时兴起来。

首先在绘画方面，京都名产品的扇面就画尽了京都名胜。广岛的《插秧歌谣集》里有歌词"送给你画着京都游览图的扇子"，京扇作为京都的名品大为流行，后来时兴按照扇面图来画屏风，室町中期就可以见到"源氏绘扇流"屏风，称为"押屏风"（折叠屏风）。据说天文十九年（1550年），在足利义晴的葬礼上，棺木的周围就立着狩野元信扇绘图案的屏风。其中有连环画性质的年中行事图，现存有光圆寺藏的京洛每月风俗图扇面流屏风，这个屏风也有元信的印章。永正三年（1506年），越前朝仓氏向土佐光信订购一对"京中图"屏风，三条西实隆感叹道，"新图，为大可珍重之物也"。据说这就是"洛中洛外图屏风"之滥觞。

现存的"洛中洛外图屏风"中最古老的是町田家本（历博甲本），原由三条家所藏，现由国立历史民俗博物馆所藏，画中的建筑物是竣工不久的足利义晴的柳御所和其管领的宅邸，由此推算屏风大约是大永年间（1521—1528年）的作品。可是石田尚丰先生认为，上京屏风的构思继承了"大和绘鸟瞰图"传统，作图表现了从71米高的七重塔（烧毁前的相国寺大塔）鸟瞰的京都景色。因此它表现了足利义满的幕府政权设想——相国寺和幕府作为车的两轮，政治上公家、武家合一，宗教方面显宗、密宗、禅宗合一。据推测，相国寺大塔烧毁前的鸟瞰原图有可能存在。此外，石田尚丰先生还指出下京图部分细致地描绘了商人、工匠等人物的动态，人物画被后代画家继承成为传统。小岛道裕先生从资料文献以及画中特定的个人出发，推测了制作意图和作者，认为这是在大永五年（1525年）由拥戴足利义晴的前管领细川高国请幕府御用画师狩野元信画の。足利义满的幕府设想和工商业中心京都的经济地位就是想控制首都的大名们垂涎三尺的目标，所以可以说应该用更加有深意的视角来看描绘京都风景的屏风。

还有一个是战国时期的屏风，叫作上杉家本，据说是信长送给上杉谦信的，今谷明先生的新学说认为屏风画应该为天文十六年（1547年），由此对画面的宅邸进行年代考证活跃起来。另一说法是被松永久秀杀害的将军足利义辉送给上杉谦信的，屏风画追忆了其父足利义晴和细川晴元的政治体制，这个屏风所表现的政治秩序与义辉的打算以及设想完全一致。濑田胜哉先生认为画面的时代应该是义辉作为幼主继承将军之位的天文十年到天文二十年，这种说法比较有力。

当然，只要京都是首都，画面的主题就会表现京都这个政治经济中心。可是同时花都亦指花街。洛中洛外图的另一个主题是表现京都的艺术家和烟柳巷。旧町田家本屏风与上杉家本屏风两者也有清楚的描绘。

画面上有声闻师、散所法师居住的村落，还画有村子里其他人物——阴阳师、操弄木偶的人、耍猴的、走街串巷变魔术的、放下僧、年末年始给人家说吉祥话的节季侯[40]千秋万岁[41]，还有宗教性强的敲钵的、敲钲的。画面上还有琵琶法师、化缘圣、盲人歌女等。甚至有桂里之女[42]，桂女自称神功皇后侍女的子孙，武士将领打仗时她们到阵地慰安，女人生产的时候她们进行安产祈祷，可谓产婆的元祖。画面内描画的众多人物中还有从洛外到洛中的行脚商人大原女、卖油的、河原者、走在送葬队伍的前头开路的犬神人以及他们代表的非人[43]，以及被叫作"倾城"的游女们。被称为辻君、立君①的女性分散于京都街市各处，早在镰仓时代就有拉皮条的人，被称为"中媒"，天文五年的古文书里皮条客叫作"仲人"，久我家古文书里收有寄给五十疋的《倾城局公事》⁴⁴文书。倾城局⁴⁵发放营业执照，税金为15贯文，得到官方允许的倾城屋有30家，而且这些皮条客代表者住在"畠山的辻子"，上杉家本的屏风还画有"畠山的辻女郎"。

旧町田家本的屏风和上杉家本的屏风美化了战国时期的洛中洛外，吸引各地诸侯更加向往京都，肯定燃起了他们进入京都的欲望。屏风画里的京都，以宗教战争形式出现的富裕町人、近郊富农的激烈冲突，村民通往自治之路的趋势，到了下一个时代终于有了结局。

法华一揆和一向一揆

宽正六年（1465年），大谷本愿寺被比睿山僧徒攻击烧毁后，文明十二年（1480年）一向宗的莲如⁴⁶在山科地方建成宗祖亲鸾的御影堂，修建了本愿寺。一向宗从近江到北陆建立了布教点——在吉崎建御坊；从畿内一円、河内起到纪州、东海止形成了信者网。山科迎来了各地的门徒，据说山科境内有六个或八个街道，商户民宅鳞次栉比形成寺内町，其热闹程度不亚于洛中，人们都说是最为繁华之地。山科也被称为本愿寺之城，在与管领细川晴元同盟、背离的过程之中，一向宗于天文元年（1532年）受到晴元一方守护大名六角定赖⁴⁷所率领的法华众三四万人的攻击，本愿寺被烧毁。

一向宗本愿寺向大阪方向转移之后，以洛中为中心的法华势

---

① 辻君、立君，都是流莺的隐语。

力抬头了。其核心成员是洛中法华宗 21 个寺院的僧人以及富裕的町人门徒，其余还有流浪武士以及洛外松崎等地的在乡武士和农民等。因为京中富商多皈依法华宗，京中的法华宗总寺院都有很大势力。这些寺和本国寺、本能寺、妙显寺一样都具有土垒或构[48]等防卫设施，可以给上京都的诸侯提供住宿，还可以作为阵地。大永七年（1527 年），将军足利义晴与三好元长打仗的时候就把阵营建在本国寺，叫作"本国寺要害奔走"。天文元年（1532 年），法华一揆时僧俗武装起来，本国寺也为踞守阵地。时代再向后发展，织田信长在本能寺之变中被家臣讨伐时烧殿自焚，从中也可以清楚地看到寺院的城堡功能。

天文元年，虔诚的法华宗信者、法华众的有力庇护者三好元长受到一向一揆的攻击在堺市自杀，受到元长的庇护而兴盛起来的法华宗不免感到危机。又因细川晴元与一向一揆相互提携，虽然一个月后合作又破裂，但洛中法华宗的 21 个寺院武装起来，以信徒为中心的洛中町人武装起来也成为必然趋势。法华信徒与山科本愿寺及一向一揆的激烈冲突不可避免，当时的世道被称"应为天下一揆之世"。天文元年 8 月 2 日，两个宗派在堺开战，8 月 7 日、8 日、9日，接连数千法华门徒在京都的街道上或骑马或徒步，举着宗教名目的小旗高喊宗教口号示威游行。法华一揆启用土仓、西阵机业的野本家为大将，还有彫金的后藤家、磨镜的本阿弥家，还有茶屋家等撑腰，以富裕町人为主力，法华一揆明显具有城市性质。法华一揆众 10 日又到东山、山科去示威，火攻大谷本愿寺遗迹中的一向堂。15 日，数千人的一向宗本愿寺门徒在东山布阵，对洛中加以示威。16 日、17 日两军终于在新日吉口和汁谷口（涩谷口）发生激烈冲突，本愿寺方败退。19日，一向宗门徒在山崎布阵，晴元统领的柳本军和法华门徒与他们开战，一向门徒败退。23日，法华势力总攻山科本愿寺，放火烧寺。在繁荣了52年后，曾以富贵之荣誉为豪、被称为与洛中相差无几的山科本愿寺与寺内町被烧为焦土。

同年12月，德政一揆进攻洛中，法华势力攻下西冈、太秦、北山并烧光，然后就各据一方——洛中和周边为法华一揆，从京都周边到畿内是一向一揆，双方进行拉锯战。天文二年6月，细川晴元与本愿寺的证如和解之后，法华一揆的活动沉寂。天文三年，细川晴元上洛进入相国寺，将军义晴也从近江上洛来到建仁寺，双方和解。

洛中是不是就此安定了呢？没有，山门西度出面。山门在洛中有很多势力，那个时期富裕的酒屋、土仓大部分都在山门的支配下。山门不允许法华宗通过宗教传播，进而实质上支配其所领。山门向幕府提出申请，说"法华宗"之名是盗用天台法华宗的称号，要他们停止使用，让六角定赖等人来当判官展开讨论。这种说理的氛围甚至渗透到民间。天文五年，延历寺山门僧人在一条乌丸堂舍讲经，与民间的法华门徒松本久吉进行宗教问答，松本久吉最后在宗论上击败山僧，消息很快传开，这就是著名的松本问答。这一事成为导火索，天文五年6月，延历寺山门向旧佛教的各大寺求援兵，也向本愿寺求援，并且山门事先向幕府、细川晴元、六角定赖提请谅解，占据了京都的七个出入关卡，7月正式开战。法华据点松崎陷落，田中防御工事遭火攻，山僧和近江众人从四条口、三条口进入洛中。放火掠夺之后，最后法华宗的总寺院燃烧起来。虽然法华的宗徒本阿弥、后藤、茶屋、野本等有势力的町人拿起武器战斗，但是下京全部烧毁。这就是所谓的"天文法华之乱"[49]。

可是，各町其后复兴组织了自治都市，上京、下京的五个町组井井有条地出现，这与町人防备"战乱"不无关系。关于自治的情

形已经讲过了。

能乐、狂言中描写的洛中洛外以及乡下人

狂言是在能乐的幕间上演为缓解观众紧张情绪的喜剧，它反映了中世纪末期到近世人们悲喜交集的日常生活。

《胡子城墙》是地道京都题材的狂言。住在洛中的美须公自豪于其长胡子，大内天皇继位的翌年要举办"大尝会"，命令他担任扛犀矛的角色，于是他得意扬扬。犀矛是一种戈，在树枝上安装一个不开刃的矛，通常由检非违使的跑腿的——放免拿着，大尝会上扛犀矛的人还要穿用金银装饰的衣裳。美须公唤来妻子让她给自己修整胡子，还要筹措装束。妻子说日子艰难，哪里有钱来做服装呢？丈夫说这是皇上的命令，"君主一言九鼎"，现在不可能拒绝了。妻子说留大胡子不整洁又费钱，赶快把胡子剃了吧。夫妇越吵越凶，妻子被丈夫揍了一顿，为了报复，她叫上邻居的女人们一起把男人的大胡子给拔了，她们得胜并发出欢呼声，这是一场女人发起的战争。这个戏剧生动反映了地道的京都市井生活——有大内的京都、被召去参加仪式而喜悦的男人、以现实生活为中心的女性，因某人丈夫的蛮横，近邻女人集体对抗得胜回朝。自文正元年（1466年），大尝会中断了220年，这个狂言流行的年代实际上并没有举行过大尝会。即便如此，以这个想抬高身价的男人为主角，剧中出现的大尝会和犀矛也很有京都风格。

《阄罪人》故事发生在祇园祭初期，那时按町为单位出戈山彩车，彩车的装饰题材还不固定，每年都可以有新创意。有一家主人作为祇园会的主导者与町中居民商议装饰题材，太郎冠者[50]每每跳出来抢风头反对，太郎冠者提出建议说，彩车主题应该是地狱的鬼折磨罪人，谁扮演什么靠抓阄决定，抓阄的结果是太郎冠者当鬼，主人当罪人活受罪的喜剧。可是实际上祇园祭彩车上人物必须由户主扮演，太郎冠者不可上彩车。姑且如此，因为祇园会是下京的一个大事，所以这个能乐也常被提及。《白鸽》也是太郎冠者的故事，因为主人在酒家欠账太多不能再买酒了，就派太郎冠者去酒家搞些酒来。酒家喜欢听故事，太郎冠者学孩子们用鸟笼捕捉白鸽的样子边唱边舞，他迷惑店主以找个机会偷酒樽，最后把酒樽偷回来了。狂言里还有"在祇园祭里拉彩车"的台词，太郎冠者要表演他拉彩车时候的样子，可知剧本的原型是来自京都或近郊的故事。

能狂言《煎物[51]》的故事讲的是一群町人为祇园会做准备，正在练习伴奏音乐，这时从洛外来了一个小贩。小贩希望有"祇园会里获得设茶屋座，卖些煎物"的权利，当时的实际情况如果没有座权利，就不能担上扁担行商。有名的狂言《木六驮》[52]有两个剧本，如果按照京都大藏流茂山家的剧本，是讲主人命令太郎冠者从洛外送木材到都城里伯父家的故事，而东京山本家剧本说的是从普通农村翻过山顶送木料的故事。笔者认为还是前者较好，即太郎冠者从八濑、大原一带的洛外出发，在大雪中把木材和酒运到京都的伯父家里。这种情景设定才能营造太郎冠者把礼品白酒喝光的气氛。

《鲈包丁》的背景是乡村里的命名式——町或村共同体的仪式

"官途成"，它是指某人获得"卫门"或"兵卫"名字的典礼。将要参加官途成典礼的伯父命令外甥去弄一条淀川鲤鱼来，可是外甥没有做到，用些言语来搪塞；伯父为了报复他就说请他吃鲈鱼，也是画饼充饥。这是一桩讽刺喜剧，在台词上有许多说明性的语言，所以这个狂言剧演起来也是很难的。在运输困难的当时，大阪地方淀川的鲤鱼比濑户内海的鲷鱼都高级，这个剧就是以此为题材的。

洛中挤满了滞留在京都的地方武士，还有许多从诸国担着葛箱子来告状的人——长期滞留的大名、小名。《鬼瓦》里的主人公就是远道而来的大名，他在京都滞留好长时间了。他胜诉之后认为是他信仰的因幡堂（下京区五条）药师菩萨显灵了，所以来寺庙参拜，要请一尊菩萨的分灵回去建一个寺庙。他到处参观赞不绝口，看到寺庙里的鬼瓦想起远在故乡的妻子的面孔不由地哭了起来，也是一桩喜剧：

　　侯爷　我说这鬼瓦像谁呢，细想起来，就像我那留在乡里的夫人（哭）。

　　管家　照您看来，究竟像在哪里？

　　侯爷　你看那滴溜溜的眼睛，那翘尖尖的鼻子不是很像吗？

　　管家　是的，很像，很像。

　　侯爷　你看那嘴，一直咧到耳根，平时训斥你，不就是这副模样吗？

　　管家　是的，平时训斥我，就是这样一副尊容。

大名放声大哭的那段表演让人感到很有人情味、十分有趣。提起因幡堂来还有一个喜剧，能乐《因幡堂》药师佛十分灵验，所以是大受欢迎的佛，某男说他的妻子爱喝大酒、不顾家、欺负丈夫，是个毒妇。丈夫给回娘家的妻子写了休书后，来因幡堂祈求新的姻缘。可是老婆也有她自己的理由，她的台词里说：

像他这样的男人，不过是庸碌之辈，可一想到竟让他用欺骗手段把我休了，实在是气煞我也。

于是她就在庙里假装药师如来，点化那男人到西门台阶上找新妻结姻缘，自己就到那里去扮成药师如来点化的新妇。同样剧情的其他还有一些剧目，背景都设在京都因幡堂，说明这个寺院是很有人望的。

同样，做梦娶媳妇的故事经常牵扯出清水寺的观音。剧目《伊文字》《二九一十八》都是如此，据说男子到清水寺观音那里去祈祷好姻缘是很灵验的，主人公果真和观音托梦的内容一样，在西门的第一级台阶看到心上人，梦之谜终于找到答案。

《武恶》讲的是一个太郎冠者被主人命令去杀叫作"武恶"的凶猛仆从，太郎冠者不忍下手，佯装已经杀了武恶放走了他。武恶认为这是他平日里信仰的清水观音保佑了他，就去清水寺还愿，没想到恰巧遇到了主人。于是太郎冠者利用智慧，让武恶扮作鬼吓唬主人，武恶狠狠地威胁主人说以后主人到阴间再跟他算账。因为清水寺离墓地近，所以说武恶是鬼也容易让人相信。

从狂言里找京都市民所熟悉的神佛剧目，首先就是《毘沙门》。

它描写的是鞍马山的毘沙门信仰，毘沙门天与多闻天原来都是守护北方的神明，所以作为守护帝都的神他们均住在京都北部的鞍马山上，而这个时期毘沙门天成了福神。剧目演的是新年寅日去参拜寺庙的香客做梦，梦见毘沙门天送了他福果。于是他就以此事为题材咏了一首连歌，突然多闻天出现了，降服了恶魔，并祝福他天长地久、福寿圆满，多闻天给穷人赐福，发誓言唱道："赐宝予众生。"这里"赐宝予众生"就是将来人们生活会变好的意思。其他剧目还有《夷毘沙门》：乡里有位长者想求贤婿，烧香请教"夷"和"毘沙门"，于是鞍马的毘沙门天和西宫的夷三郎出现了；他们彼此夸耀自己的来历，自荐为女婿——他们都是有名的福神。

比睿山的三面大黑天在狂言剧《大国连歌》里也成了福神。人们信仰的大黑天，大年除夕守岁有人唱起法乐连歌，于是大黑天出现了，赐予人们放有宝物的福袋和打鼓的小槌。和它相似的还有许多剧目。

把宇治神明社搬上舞台的有剧目《栗隈[53]神明》，绰号叫松太郎的人是一个卖茶的，还会跳松杂子舞，他向来参拜的人讲神明社的由来和典故。松太郎夫妻跳的松杂子舞这一段很精彩、很有看头。延喜四年（904年），神明搬迁到神明社，如前所述，应永二十三年（1416年）的《看闻日记》里神明作为"今伊势"早就出现过。同一个狂言的《今神明》里的台词说："最近有神明飞降到宇治，我们把他叫作今神明，好多好多的人来参拜啊。"

剧目《福部的神》里介绍北野神社的眷属神社红梅社（一称福部社），福部的念法与瓢谐音，所以被半俗僧人信仰，他们口念佛经、手敲葫芦巡礼。狂言讲的就是这个故事。

我们再看看京都的郊外，宇治那时候已经是名茶的产地，所以都出现了冒牌的宇治茶，狂言《通円》主角通円是一个亡灵，生前他是一位茶店老板，为修整宇治桥募捐，节日里不停地给众多的行人点茶，最后累死。舞台上出现了他的幽灵，他讲述了自己死去的情景，模仿源赖政在宇治桥合战里战死的样子，身下铺垫的团扇，唱咏辞世和歌走向人生终结。宇治桥作为古战场和出产名茶的地方，这两个因素组合起来成为该剧目的背景。宇治是京都近郊的农村，所以有大量的蔬菜运到京都，狂言《合柿》讲的是宇治的乙方地区出产的柿子的故事。

　　狂言《簸箕》说的是洛外农村有一个喜好茶道和连歌①的男子，一天到晚沉迷于连歌集会不回家，妻子因受不了提出离婚，按照习俗离婚妇女可以从家里拿走值钱的东西，她一看家里只剩簸箕了，于是她头顶簸箕出门了。刚出门就碰见了不务正业的丈夫，丈夫讥笑她不识阳春白雪，于是咏了一首连歌："我还没见过二十日的夜里出了蛾眉月。"妻子也无计可施，只好回了一句："今夜离家的妾身心里好难过。"后来两人和好了，"头顶簸箕"与"蛾眉月"是谐音，头顶簸箕的妻子让丈夫感觉找到了共同语言。古代连歌做得好的人是可以中奖的，类似赌博，所以很多人都热衷于做连歌。历史记载，奈良地方的连歌名手是一位大妈，她竟到京都去和将军足利义政一唱一和。

　　洛外的人或诸国的乡下人到京都来买东西一定被一些邪门歪道的人诓骗，成为笑柄，这也是狂言的常套手段。可是有一个剧目

① 连歌最初是一种由两个人对咏一首和歌的游戏，始于平安时代末期。

《磁石》，则是乡下人逆袭了京都的坏人，主角来自远江国的见付宿。见付是自治都市，这个主角被设定为强者，不会遭到诓骗。

《靭猿》是说一个在京都长期居住的大名心情郁闷，到野游山去散心遇见了一个耍猴的人牵着一只可爱的猴子，他便蛮横地要用猴子皮做弓箭袋，要带走猴子杀了它。结果，由于耍猴人富于人情和猴子的技艺高超，他输了，就此让步了。[54] 此剧目反映了武士的暴力远远不如人情和艺术的力量。与此不同，另外一个剧目《座头赏月》则显示了人性恶，说的是下京商业区的座头与上京人相遇，在原野赏月，交杯换盏十分和谐，别离之后上京人为了解闷，装作不相干的人从背后推倒了座头。座头遗憾地感慨道：

> 啊，这个坏蛋，和先时那个人正好相反，是个蛮横无理的东西。世上竟有这种横行霸道的坏人，唉，总算领教啦。

说罢便摇头而去，这个戏剧是深入刻画人性善恶两面的名作。

战国的京都攻防
——诸侯的交替

从"应仁·文明之乱"到信长入京一百年，全日本一天天地陷入战乱之中。京都的位置是征夺战各方鲤鱼登龙门的地方，诸侯们到来又迅速消失。

在义政、义尚死后，引起"应仁·文明之乱"的三位管领之中，斯波、畠山家失去实力，细川政元掌握了霸权，他可决定将军的兴废。他立了义视的儿子义植（又名义材、义尹）为将军。应仁之乱中，义视曾是将军义政无比仇恨的人，将军义政的遗孀富子与义视之子将军义植依然不和，细川政元和富子共商政变，废了义植，将义遐（又名义高、义澄）扶上将军座。可是，富子死去之时，将军义遐的巨额财产也被没收了。

细川政元是应仁之乱中东军的将领细川胜元的长子，是一位足智多谋的人。应仁之乱中，他父亲临终时留下一句话说："只要家里有八岁的政元，家族就是安泰的。"因此由细川政元和富子联合起来，处理应仁、文明之乱造成的混乱。虽说过去曾经有三位管领，但是原先由三家轮流担任的管领职位也被细川家独占了。

据说细川政元擅长权谋术数、"修验道"[55]，时时腾空作法，还使用天狗[56]的修行方法。他没有子嗣，领养了两个儿子澄之、澄元，两位养子争斗成为矛盾源头，最终政元被澄之的家臣在浴场杀害。其后，澄之、澄元的家臣开始争斗，此时自称为政元养子的高国登场，虽为庶流力量却不小，他杀死了澄之、赶跑了澄元。高国与大内义兴合伙成为管领，拥立前将军义植。澄元偕同前将军义遐逃到近江，以后两方各自拥立一位将军，细川高国与澄元交替占领京都，京都的政局混乱不堪。战国乱世便是日本列岛上以京都为核心的混战。澄元与阿波地方的三好氏密谋想夺回京都，高国、大内军在船冈山战役中一度得胜，结果大内氏回到自己的领地，高国废义植将军，拥立敌方将军之子义晴。澄元之子晴元拥立义维（义晴之弟）为将军，他在三好元长的辅佐下进入堺市，高国在尼崎失败死亡。三好元长被不断增强的本愿寺势力追逼，走投无路在堺市自杀，前文我们已经提到法华一揆和本愿寺势力一向一揆的对峙。不久，三好元长的儿子三好范长（长庆）掌握了京都的实权。他去世后，其家臣松永久秀拥立足利义辉为傀儡将军，后来又把他杀害。织田信长拥立义辉的弟弟足利义昭，于永禄十一年（1568年）入京，长期以京都为核心，争战不断的战国骚乱终于闭幕了。

1　旧国名，今鸟取县西部伯州。

2　建武政权和室町幕府论功行赏的机关，后者直属将军。

3　皇帝的话，出令如出汗；帝王之言，驷马难追。

　　《汉书》刘向传，"号令如汗，汗出而不反者也"。

4　日本历应二年（1339）八月，后醍醐天皇崩，足利尊氏应梦窗疏石之
　　劝，为其造寺以荐冥福，并采梦窗之议，遣船通商于元，以贸易之所
　　得建天龙寺，其船世称天龙寺船。至明代仍通商不辍，改称贸易船。
　　（天龙寺造营记录、续本朝通鉴卷五十五历应四年十二月朔条）

5　一町长度单位等于360尺，109.09米；面积单位是9917.36平方米，即
　　100亩。

6　金阁寺（舍利殿）是一座紧邻镜湖池畔的三层楼阁状建筑，三种不同
　　时代的不同风格，却能在一栋建筑物上调和完美，是金阁寺之所以受
　　到推崇的原因，除此之外，效仿自衣笠山的池泉回游式庭园里有许多
　　风格别致的日式造景，让它成为室町时代最具代表性的名园。

7　嘉吉二年（1442年），由于父亲细川持之死亡，细川胜元13岁继承
　　家督，成为摄津国、丹波国、赞岐国、土佐国四国守护。文安二年
　　（1445年），16岁时初次就任管领之职，之后于1445—1469年三度就
　　任管领之职。他通过管领的权力延续着细川家对幕政的影响。之后逐
　　渐地在武将中形成了以他和山名宗全（持丰）为首的两大集团。双方
　　因为足利将军家的家督继承问题以及斯波氏、田山氏的继承问题发生
　　了摩擦，细川胜元积极支持足利义政之弟足利义视为将军，山名宗全
　　（持丰）则拥立足利义政之子足利义尚为将军，最终于1467年（应仁
　　元年）发生武装冲突，双方会战于京都，史称"应仁之乱"（从此开始
　　了日本史上的战国时代）。文明五年（1473年），细川胜元在战争胜负

未决中死去，享年43岁。

8　林下，五山十刹的寺院被称为丛林，与此相对，大德寺、妙心寺等非官方寺院被称为林下。

9　村田珠光，被后世称为日本茶道的"开山之祖"。生于奈良，幼年在净土宗寺院出家，因为违反寺规被轰了出来，此时，日本禅宗的重要人物，大名鼎鼎的"聪明的一休"——"疯僧"一休宗纯，正在京都的大德寺挂单，珠光闻名前去拜师参禅，这是茶道形成史上一个重要事件。

10　千利休，出身于商人家庭，武野绍鸥的弟子，茶道史上承前启后的伟大茶匠。珠光茶道的内容和形式仍然有中国茶的明显印记，禅宗思想来自中国，茶道具也以中国的古物（"唐物"）为主。绍鸥通过把连歌道这一日本民族传统艺术引入茶道，完成了茶道的民族化（他本是一位有名的连歌师）。茶道的许多内容，都是由珠光开创，并由绍鸥加以完善。然而，绍鸥最重要的贡献还是他对大弟子利休的培养，利休正是站在绍鸥的肩膀上，完成了对茶道的全面革新。利休触怒秀吉，造成死罪的原因，通说是"大德寺三门（金毛阁）改修之际有增上慢，在楼门的二阶设置自身的木像，让秀吉从下方通过"。另外，也有秀吉只命令蛰居，无意判处死罪，但是利休完全不做解释、谢罪，更加触怒秀吉，所以被命令切腹之说。

11　日本净土宗流派之一。文永十一年（1274），一遍房智真所创。又作时众、时众宗、游行众或游行宗。总本山位于神奈川县藤泽市清净光寺（游行寺）。本尊是阿弥陀如来。以净土三部经（《无量寿经》《观无量寿经》《阿弥陀经》）为所依经典。本宗名称系依据《阿弥陀经》经文"临命终时"而来，盖人生无常，时时刻刻处于生灭之中，故"平生"与"临终"等无差别。为表此意及本宗念佛之旨，遂命名为时宗。

12　自镰仓末期至南北朝时代，本宗教势大振。共有十二流派之分。游行
　　派：京都七条道场金光寺。一向派：近江国（滋贺县）番场莲华寺。
　　奥谷派：伊豫国（爱媛县）奥谷宝严寺，今已衰废。当麻派：相模国
　　（神奈川县）当麻无量光寺。四条派：京都四条道场金莲寺。六条派：
　　京都六条道场欢喜光寺，今已衰废。解意派：常陆国（茨城县）海老
　　岛新善光寺，今已衰废。灵山派：京都灵山正法寺。国阿派：京都东
　　山双林寺。市屋派：京都五条市屋道场金光寺，今已衰废。天堂派：
　　出羽国天堂佛向寺，今已衰废。御影堂派：京都五条新善光寺。

　　此一时代，本宗被视为净土教之代表。至室町时代，本宗因脱离民众
　　阶层、僧尼腐败等原因，宗势日渐衰颓。原为净土教代表的地位，遂
　　由真宗本愿寺教团所取代。

13　莲如，日本本愿寺第八世主持，1415 年生于日本京都，是亲鸾之十世
　　孙，明应八年圆寂，著有《正信偈大意一卷、御文五帖》《真宗领解
　　文一通》等。童名布袋九、幸亭九。十五岁即慨然有再兴一宗之志。
　　十七岁，依青莲院尊应剃度，未久，至大谷研究宗义，并巡礼亲鸾之
　　遗迹。其后，致力教化，每以平常语宣扬其宗旨，真宗教团因而扩展。
　　后因大谷本山被延历寺僧徒所烧，而逃至大津近松寺，另建山科本愿
　　寺，并营造大阪石。

14　坪，源于日本传统计量系统尺贯法的面积单位，主要用于计算房屋、
　　建筑用地之面积。主要应用于日本和朝鲜半岛。1 坪等于 1 日亩的三十
　　分之一，合 3.3057 平方米。

15　釜座大道是京都市南北方向的大街之一，北边从下立卖大街开始，南
　　边到三条大街共 1.2 公里。

16　梵钟、釜、锅等铸造业者的行业工会。

17　藏人尉日本律令下令外官之一，相当于天皇的秘书。藏人所是经管事

务的地方。

18　属于朝廷，除了食品供给之外供给天皇手工艺品的人。

19　日本古代的令制国之一，属山阳道，又称备州。备前国的领域大约为现在冈山县东南部及兵库县赤穗市的一部分（福浦）。

20　备中松山藩（日语：备中松山藩）是备中国（冈山县）部分领有的藩。藩厅设置于松山城（高梁市），明治维新后改名为高梁藩（たかはしはん）。

21　等于36~40贯，大约为3.75公斤，旧时用来计算体重，现在多用于计量大体积物品的重量。

22　过去从中国进口的厚底的织物都以厚板为芯折叠，是厚底织物的总称，日本近世以后在平织的底上用各种彩色丝线和金银丝线织出纹样，用经线来压住织成厚底的丝织品多用于和服的带缔。

23　丝织品的彩纹，起皱，经线方向上起皱，使用两种不同张力的经线或粗细不同的经线或者两种不同的组织织成条状的起皱的丝织品。

24　这种纹样织机是在普通高机上方装一个类似现在的提花纺织装置的空引装置。根据纹样需要操作经线的开口形成复杂纹样的结构。在高机上部安装了空引装置厚空引工坐在上面与坐在下方的织地的织工共同织出纹样来。

25　镰仓时期兴起，室町时代发达的金融机构。建立土仓可以替顾客保存贵重物品可以当当铺，多与富裕的酒屋合并经营并称酒屋、土仓。

26　义满的财政来源之一在畿内的交通要道设"关所"，征收"关钱"，或在渡口收取"津料"。并且对京都内外的"土仓"（当铺）与"酒屋"（酒坊）课征"仓役"、"酒屋役"。还经各地守护、地头向"公田"征收"段钱"，向"在家"之民征收"栋别钱"。

27　隶属特定权门，外来户受庇护的人称寄人是神人供御人的一种。

28　指中世纪在各国进入京都所需要经过的七条路上的入口处设下的关口。

29 康永四年的纪录里有今天迎接祇园神舆，规定的彩车如同历年。山以下作物指第二天举行的商业区经营的山车，代表下京的风流，山车内容为老百姓喜闻乐见的题材。

30 聚会时客人自带饭食，主人只准备一些汤水的朴素的聚会。

31 日本中世纪庄园公领的处理一般实际事务的下级职员。

32 室町中期开始的村落里的土著武士，原本经营农业但与庄园主结成主从关系获得武士身份，是一种当地的小土豪族。

33 村里的祭祀组织，属于特定家族的人或氏子（孩子）到达一定年龄之后男性轮流当头屋（有些地方含女性），以头屋为中心进行祭祀。

34 在神庙中服务从事奏乐祈祷请神的未婚女子。

35 "村八分"的制度，即所有村民与破坏村内秩序者断绝一切往来，逼得他难以生存，所以要想避免"出局"，就得和大家抱成一团。

36 中世纪继位、让位、大内修理、将军宣下、道路修理等费用所需朝廷幕府临时按照田地的段别以一国为单位课的税金。

37 大冈忠相名判案，如同《大冈仁政录》所记载，一名妇女因为要到大名家奉公所以将出生不久的孩子交给邻居照料并支付了保育费。十年后这名妇女结束了帮佣工作要回孩子的时候邻居拒不承认。于是到奉行所去提出诉讼。大冈忠相提出拔河一样拉扯孩子，胜者为孩子真正的母亲。真正的母亲不舍得拉扯孩子。最后大冈拿下了冒牌货，把孩子送还给真正的母亲。

38 平安时代以后公武家的机构累设置的一种职位，主要是文件文书的出纳、调查。在机构内部是中级职务，但是具体事务上又负有事实上的责任。

39 画有东海道53处旅店或者上京都的路线的旅途双六图的棋盘画。

40 岁末新年之际两三人一组用红绸子蒙面装扮特异，唱着跳着说些初春的吉利话边乞讨米钱。

41　中世纪艺能之一。旧历新年唱门师站在门前说吉利话并歌舞，甚至到皇宫，戴鸟兜（凤冠）、持扇在一边打鼓，是后世的三河万岁的源流。

42　桂女特指住在山城国葛野郡（现在京都西京区桂）或自称住在这一带的女性，她们有头裹白布的风俗，人们称之为"桂包"，这种用棉布缝成的帽子相传是为了给征讨三韩的神功皇后准备御帽而学习制作的。她们的职业多为巫女、行商人、妓女、助产士、预祝表演者，她们的称呼是桂御前、桂姬、桂之女。

43　幕府体制下秽多等四民之下最下层的身份。从事卑俗的游艺、罪犯押送、死罪犯人尸体的埋葬等。

44　倾城（游女）事务局，事务所。

45　室町幕府上台后于1582年设立"倾城局"的管理机关，倾城是游女的别称，工作任务同游君别当相同。唯一的区别就是倾城局发放官方认可的证明，每年要缴纳15贯文的税金。当时室町幕府的将军多次被放逐，权威越来越小，如同畿内一介大名。为了保全幕府的面子，才不得不施行收取游女税金的方法维持财政。

46　六角定赖（1495—1552年），六角高赖次子，日本战国时代近江国守护大名，官至从四位下弹正忠，谥号江云，法名云光寺殿光室龟公大居士。六角定赖于永正元年（1504年）在京都相国寺出家为僧，称吉侍者。由于其兄六角氏纲在永正十五年（1518年）在与细川家的战争中阵亡，定赖被迫还俗继承家业，六角定赖是六角氏的一代英主，率军降伏了浅井家（浅井久政），成为南近江国霸主，并修建了观音寺城。

47　构即要塞，由包围居住区的土墙、在出入口建造的木门、钉贯和塔楼等组成，并多有护渠环绕。

48　又称天文法难、天文法乱。即日本·天文五年（1536）七月，比睿山延历寺之天台宗徒众袭击京都日莲宗诸寺之事件。日莲宗自日像赴京都创建妙显寺后，普获皈信，教势大张。然与其他教团之摩擦亦日深，尤以与比睿山延历之天台宗徒之冲突为甚。天文五年三月十一日，上总（千叶县）日莲宗妙光寺之信徒松本久吉至京都。时比睿山延历寺僧华王房在一条乌九观音堂讲《阿弥陀经》（一说《法华经》）。松本前往听讲，并在会场提出质疑。华王房词穷，不能答辩。

比睿山徒众闻此事后，大怒。乃于当月二十八日袭击松本所投宿之旅舍，松本因而遇难。其后，比睿山徒众又向足利义晴要求禁止日莲宗徒使用法华宗号，妙显寺日广提出后醍醐天皇准许使用的纶旨回应。同年七月二十三日，山徒获得近江国（滋贺县）主佐佐木义实等人的支援，乃奇袭京都日莲宗二十一寺。双方激战五日，日莲宗徒伤亡惨重，京都之日莲宗势力，被扫除净尽。而日莲宗剩余徒众亦暂退至和泉国（今大阪府）。直至天文十六年，始在京都重建十六寺。

49 太郎冠者狂言角色之一，是大名等主人手下仆人中的第一人，狂言角色中最具代表性的人物。

50 将陈皮、甘草、干姜等中药药材煎成的一种饮料。

51 主人让大管家送给在首都的伯父三十根木料，因为伯父升官要修理房子。大管家用六头牛拉车、木炭六驮和自制的酒。在大雪之中大管家好不容易来到了山顶的茶馆，想喝一盅。偏巧酒家的酒卖光了。手头只有主人送伯父的礼品白酒了。他拿出来与酒家喝个烂醉。酒后甚至把木料送给了酒家。后来遇到伯父，伯父问起木料哪里去了，他搪塞说自己大名就叫"木六驮"，还说主人把自己送给伯父了。

52 宇治大久保一带，古称久世郡广野一带。

53 具体情节是大名要用猴子皮做弓箭袋否则就射杀耍猴人。耍猴人无奈，正要棒杀猴子之际，小猴子却接过棒子表演起划船的动作来，主人伤心落泪，无法下手。大名也被打动，于是饶了他们的性命并给以赏赐，最后饶有兴趣地跟着小猴子载歌载舞。

54 是日本古来的山岳信仰受外来佛教等影响成立的宗教，一称修验宗。修验道的实践者称为修验者或山伏。

55 天狗是日本传说中的一种生物，民间信仰常认为是妖怪。在日本，一般说法认为天狗有高高的鼻子和红脸，手持团扇，身材高大穿修行衣服。

第五章

前近代的京都

信长的京都

信长入洛

前近代京都的新历史从织田信长进入京都开始。

战国之世，室町幕府衰落的过程中，很多大名都想上京拥立一位将军，以便向全国发出号令。西国大名之中最早盘踞中国地方 [1] 的豪雄大内氏，早早就上过京城了，特别是东国的大名更为热衷此事。因为西日本距离中国大陆近，也接受了大陆文化，未必仰望京都；东日本文化方面落差较大，所以很仰望畿内文化。后北条氏因距离京都远，要稳固关东的势力范围，所以不能向京都扩张，本州中部的今川义元、武田信玄、上杉谦信打算征伐京都，但是义元在桶狭间战役被讨伐，信玄、谦信中途倒下。上京之路当然困难，途中要率领兵与各地大名作战。

织田信长自控制了美浓以后就开始使用"天下布武"的标志，他自从担任了邻近畿内的尾张国、美浓国两国的太守后，就打算上京都了。在当时的语境下，所谓"天下"除了字面上的意义，实际就是指京都，得天下意味着上京都炫耀武威。信长自己经营的城下町是美浓、稻叶山城的山下町井之口，他命名此地为岐埠，典故来自于中国周王朝的起点岐山。

---

① 此处的中国地方指日本中国地区，位于日本本州岛西部，由鸟取县、岛根县、冈山县、广岛县、山口县组成。

织田家出自越前的织田庄，服务于越前、尾张地方的守护大名斯波氏，成为尾张地方的守护代，在尾张扎下根来，信长的家是其支流——清洲织田家三奉行中的一家。从织田一门本是斯波氏的下人来看决非名门，与守护家的今川氏不一样，上京都还需要一定的名分。

永禄八年（1565年），将军足利义辉被三好、松永讨伐，其时他的弟弟——兴福寺一乘院院主足利义昭逃走了。不久，义昭企图东山再起复归京都，曾拜托近江的佐佐木氏和越前的朝仓氏，但是谁也没有答应，于是他来请求信长的援助。信长认为这是一个好机会，派和田惟政、村井贞胜等把义昭从越前接过来，拥立足利义昭上京都。

美浓到京都间还有一个近江，织田信长把妹妹阿市嫁给了当时关系不错的琵琶湖北边的近江豪绅浅井长政。信长还拉拢琵琶湖东的六角承祯，亲自去佐和山城拜访，答应事成之后给他京都所司代一职，并以此为条件请六角允许自己的人马通过，却被承祯拒绝。上京准备阶段，信长为减少损失，尽量避免无益的战斗。

1568年9月7日，织田信长率领了包括德川家康援军在内的四万（另说六万）大军出发，12日在近江攻下箕作城，翌日拿下观音寺城、击败六角氏的据点，仅仅花了20天，于26日进入京都。可是因为当务之急是消灭他的劲敌——摄津的三好一党，所以他没有在京都停留，带领大军沿西南街道南下，29日进入芥川城（现高槻市），平定摄津。《信长公记》里记录了一段故事，说此时松永久秀献上了来自大陆的茶叶罐"茶入付藻茄子"，今井宗久带来了松岛的壶和一套称为绍鸥茄子的名贵茶具觐见。将军义昭也来到芥川城，义昭 10 月 16 日回到京都，进入六条本圉寺，18 日被任命为征夷大将军。

信长上洛奠定了天下统一的基础。当然，还有后来的"元龟·天正之乱"，在丰臣秀吉平定天下的前 20 多年，战事越演越烈，战争成为战国末期的压轴戏。

信长的京都统治

织田信长入洛后，将军义昭自然有了军事力量。义昭让信长做后盾才强大，信长利用将军的权威才能扩张自己的势力。此前畿内临近的几国多为幕府和幕府的武将支配，比如山城的西冈由足利义昭的家臣细川藤孝支配，后来细川又获得龙胜寺城（长冈京市）。因为信长是新兴势力，原来在畿内没有领地，也不具有守护等公权力，他也凭借军事实力没收了敌方领有的土地。足利义昭曾让织田信长从畿内五国挑选中意的领地，并提出让信长当管领或副将军，可是信长全都没有接受，只求在近江的大津、草津、和泉的堺市设置代官。虽然不符合眼前之利，但从长远考虑，避免接受义昭的恩情只在近畿的经济据点设踏板，可见织田信长对天下局势理解透彻。

很多人设想织田信长入洛之后对于京都的公家、寺院、神社会采取严厉的措施，实际上他非常慎重。即使是元龟二年（1571 年）的火攻比睿山延历寺，也是因延历寺收留了他的政敌浅井、朝仓的军队并出击洛北的缘故。那时信长曾希望延历寺保持中立，像个宗门的样子让两支驻军撤退，但是被延历寺拒绝，火烧延历寺遂发生。只要不是特殊情况，织田信长不攻击京都的公家、寺社，相反还加以保护。战国时期，庄园领地混乱，实际统治管理土地的人被称作

"当知行"，当知行只要过去 20 年交过年贡，按照当时的惯例，织田信长就承认其本家、领家的权利。天正三年（1575），织田信长平定越前的一向一揆之后制定《国法》，规定"京家领之仪，乱以前，当知行应还付，按地契文书为准"，下令后他恪守这个原则。

天正三年（1575 年），织田信长改变了通常是 20 年期的德政，颁布新法，规定对于京都的公家领地实行百年以来的德政，免除债务、要求卖出的土地返还原主。信长致力于恢复公家在战国动乱中失去的土地。1575 年 11 月，织田信长就任右近卫大将的时候把数千石土地作为贺礼进献给皇室、公家、门迹寺院，由于信长的政策，皇室、公家的土地所有权稳定下来。同时，信长只在尾张、美浓领国实行废除关卡、实行乐座[1]政策，并不在京都实行同种政策，皇室所控制的关卡——京都的七个出入口依然起作用，行会的座依然存续。

这些政策对于信长来讲负担并不大，但是公家、寺社很满意，所以他把公家、寺社吸引到他的周围，可以说，公家、寺社在畏惧信长的同时又欢迎他。

朝廷与信长

织田信长上洛后，与皇室、公家、社寺之间维持了良好的关系，政策如上所述，下面我们再谈谈他和朝廷的关系。

室町到战国时代，天皇的实权很薄弱，但天皇在文化上具有向心力和权威，信长巧妙地利用了皇室和朝廷的这一权威。当时各家都在编造自己的家谱，和源氏、平氏、藤原氏、橘氏拉上关系。织田家从越前的织田系统出来，本来和那些贵族拉不上关系，信长一度说自己是藤原氏，后来又自称平氏了。这是因为当时有一种说法，武家的权力要源家、平家交替的，因为当朝的足利为源氏，那么下一个当权的就应是平氏了。信长大概并不相信，不过是巧妙地应付当时的风潮罢了。

信长的官职最初是上总介，也称尾张守，上洛之前的官职叫弹正忠。这也是当时的做法——他并没有受到朝廷的正式任命，而是自封的，官名也是随便起的。只不过弹正忠倒是织田家代代沿袭下来的，相当于在中央担任检察任务的弹正台三等官，虽然是下级官吏，却也不算是地方官，可以说他上洛理由很充分。上洛后朝廷和将军义昭打算给他适当的官位，他全部谢绝了。天正三年，室町幕府灭亡后他就任右近卫大将的职务，与源赖朝当年开设幕府时的地位相等，所以信长在皇宫公卿列席的阵座上履行正式手续上任，他把织田家家督的职务让给嫡长子信忠，自己站在掌握天下的立场上。翌年，织田信长建设安土城作为根据地。

其后，织田信长于天正六年成为正二位右大臣兼右近卫大将，同年四月他又把这些官统统辞了，因为这些官职之上面还有关白、太政大臣、征夷大将军等职。事发突然，朝廷慌了手脚，信长说平定日本全国之后再申请适当的职务，他为什么谢绝现有官职虽然不明确，但是无论什么名目的官职都要遵照朝廷的礼仪，不能无视，因此笔者猜想在他是想在称霸日本之前将精力集中到军事上。

学界曾经讨论过，如果他没有在本能寺之变中辞世，平定天下之后会希望取得什么官职。历史不喜欢假设，但与织田政权有关，笔者也进行了认真的思考。先说征夷大将军的职务，按当时的惯例只有源氏才有这个资格，将军足利义昭虽然四处漂泊，但也挂着该职，当然他也可以无视义昭就任此职，但是到了这个地步一定会把事情闹大。再看关白，这是公家的官职，也是摄关家的职务，既然他声称沿袭平氏，或许会学平清盛的先例当太政大臣。秀吉也遇到了同样的问题，他想当将军被义昭驳回[2]，于是成为近卫家的犹子，成为关白，信长自称平氏，他做太政大臣没有障碍。总而言之，朝廷的高位对于武家统治是具有一定意义的。

为加强与天皇家的联系，信长给诚仁亲王献上了二条府邸，而且收了他的第五皇子成为自己的犹子。所谓"犹子"，中国古代经典有"犹，如子"的说法，不是养子，而是像实际父子那样亲密的关系。诚仁亲王是正亲町天皇的东宫，把他的儿子收为犹子的人（信长）就和亲王一辈并列，很明显，信长的目标指向是要与未来天皇同等资格掌握朝廷。信长还在安土城建造了御幸之间，通常天皇不到臣下的家里进行公开行幸，足利将军当政的时候，将军按太上皇的标准开了先河，天皇到他家进行过朝觐行幸。后来，秀吉在聚乐第接待后阳成天皇，当初信长也是抱着这种希望的吧。

火攻比睿山

1571 年 9 月，织田信长火烧比睿山延历寺。这种果断措施令人吃惊，给予人们很大的冲击。他这么做是有理由的，前一年信长攻击大阪本愿寺时，北国的劲敌浅井、朝仓的兵士侵犯比睿山麓的近江宇佐山城，讨伐森可成。听到这个消息的信长带兵折返，进攻浅井、朝仓两军，这两只军队逃往比睿山。以前信长控制近江、京都的时候，延历寺的领地相当混乱，信长和他们的关系原本就不好，可以说延历寺站在浅井、朝仓一杠保护他们，浅井、朝仓两军以此为据点，时时向京都北边出击。京都北郊比睿山近在眼前，如果敌军据点在此，那么京都的安宁岌岌可危。

与此同时，京都西冈发生了土一揆，织田信长的弟弟信兴于1571年11月末在根据地尾张的小木江城被伊势、长岛的一向起义讨伐，信长处于被包围的状态，陷入困境。信长对延历寺提出要求，让他们像个宗门的样子保持中立，并让浅井、朝仓的部队撤退，如果不照办就要火攻，但他被延历寺拒绝。通过将军义昭、关白二条晴良介入讲和，两军撤退，但信长无法宽恕延历寺，翌年，按照警告的那样将寺院烧毁。战乱中，利用寺庙、神社坚固的建筑物来进行战斗的例子很多，寺院被火攻的例子也不少，早先松永久秀在奈良北郊的多闻山城被敌人包围的时候就点燃了敌后的东大寺大佛殿，击败惊慌的敌人取得胜利。决定胜负的关键时刻，寺院、神社虽说历史传统悠久，也经常会被不留情的烧毁。

延历寺自平安时代由传教大师最澄在都城鬼门的四明山岳建立以来，就是镇护王城的寺庙，它被称为山门，虽然其内部渐渐衰败，但依然是日本最高的宗教权威，又拥有僧兵和大量寺院土地，世俗上也具有强大的势力。

在佛教信仰浓厚的当时，火攻延历寺给予人们很大冲击。公家的日记中记载为"天魔所为"，据说武田信玄也谴责了这一事件。特别是京都、近江的人能远远地看到寺院燃烧，给他们带来的惊恐更甚。可是信长对待延历寺的果断措施显示了他的厉害之处，也让我们实实在在感受到随着时代变化，对宗教势力的态度大不如前了。

火攻上京和室町幕府的灭亡

前面已经提过，足利义昭被织田信长拥立入主京都，为感谢织田信长，还写了一封信将其称之为"父亲织田弹正忠大人"，还提案了种种恩赏名目，想授予他副将军或者管领的地位，信长谢绝了。信长不是一个喜欢露骨恭维的人，他尽量避免应报答之恩，绝不让自己欠义昭人情。

信长拥立义昭为将军，三好一伙进攻京都企图东山再起，以本圈寺为据点袭击义昭，本圈寺合战后，信长建设二条城庇护义昭将军，他自己掌握实权，让义昭当傀儡。

永禄十二年（1569 年），信长降伏伊势国司的北畠具教，将自己的次子信雄立为对方的后嗣，这件事使得他和将军义昭的关系恶化。永禄十三年正月，信长制定《殿中掟五条》，迫使义昭忍气吞声地接受，这五项条例是限制将军行动的规章，条例本身就是高高在上的。第一，将军向诸国送秘密信函的时候需要加上织田信长的附信；第二，过去将军所有的命令都要废弃；……第四，"既然天下之仪均任信长处置，（信长）用不着得到上边的指示（不论是谁），会按照自己的判断下令"。义昭的密信必须有信长的附信，信长可以不得到将军的认可，下令，实质上完全否认将军义昭的权威并剥夺了其权力，如果义昭没有不满的话倒奇怪了。两者的关系不久便决裂，义昭给各地的大名发出密信，命令他们打倒信长。义昭虽然早无实力，但将军权威还在，当然也有想趁机发家的人，于是各地出现了对抗信长的力量。自此战国末期真正的动乱开始，即后来历史上称之为值得回味的"元龟·天正之乱"。

得知将军义昭的动向后，织田信长暂且按兵不动。元龟三年（1572 年），写出规劝义昭恶政的《十七条意见书》，把义昭的罪行向世间公开，据说武田信玄读后十分感叹。翌年四月，将军义昭联络了武田、朝仓、浅井和本愿寺等势力，又拉上三好义继、松永秀久等与织田信长断交。三井寺（园成寺）的光净院暹庆（山田景友）也在石山、今坚田筑堡垒，形成了攻击织田信长的阵营。可是石山等地的堡垒立刻被信长攻破，幕府方面的武将细川藤孝、荒木村重放弃了将军义昭，到逢坂山迎接上洛的织田信长，几乎没有人站在义昭一边了。织田信长到幕府据点的上京放火，上京受灾严重、损失甚大，信长又包围二条城加以威慑，根据天皇的命令，两方姑且讲和。七月，将军义昭又举兵，让重臣三渊藤英守住二条城，自己去了宇治的椹岛城；信长遂进攻二条城，二条城很快陷落，义昭投降，被送往河内若江城的三好义继那里。早些时候，松永久秀等人与将军义辉对立，兵士将义辉杀害，但是信长对将军义昭的处理很慎重，只是把他流放了。至此，室町幕府灭亡。

其后，将军义昭从堺市进入纪伊由良的兴国寺，在毛利家的庇护下于备后鞆之浦等地居住，梦想幕府再兴。但时代变换，其企图落空。天正十六年（1588 年），义昭再次来到京都，作为秀吉的相伴众之一度过晚年，于庆长二年（1597 年）逝去。

本能寺之变

信长其后稳步而顺利地平定了全国，灭越前的朝仓氏、北近江的浅井氏，天正三年（1575 年）在三河长篠地方用三千支步枪歼灭了被誉为举世无双的武田胜赖骑兵，其后等待武田家自然瓦解，天正十年消灭武田。西边战线，羽柴秀吉（后来的丰臣秀吉）进攻毛利氏夺取鸟取城，随后水淹备中高松城；明智光秀攻下丹波，把毛利的势力压制住。因此，信长在支配畿内近国的同时，东边的甲斐、西边的山阳、山阴大半都在他的支配下了，几乎统治了本州的中部。

天正四年，织田信长在近江的安土修筑了壮丽的城堡作为大本营，经营城下町。安土在美浓、尾张和京都的中间，渡过琵琶湖越过山峰就是京都，信长为了渡湖还准备了大船。后来的统治者丰臣秀吉在大阪设政治中心、家康在江户设政治中心，都没有把大本营放在京都。躲开京都的原因，一来在那里会和朝廷、寺庙神社会产生复杂的利害纠缠，二来京都的保卫也不是那么容易，总之这时候织田信长，已经具备了控制京都的条件。

信长没有在京都建立城堡，到京都时通常住在日莲宗本能寺。京都的街道中，日莲宗势力强，本能寺虽说是寺院，但其四周围有壕沟，也是要害之地，所以信长才选择了那里。从信长的秉性来看，大概做梦也想不到家臣中会有人造反。他喜欢轻装减从，完全不设防。比如 1578 年 6 月 14 日，他去祇园祭祀看热闹的时候也没带武器，只带了骑马护卫和勤务兵，参观完祭祀活动以后他带了十名勤务兵去猎鹰。本能寺事变中，他也只带了数十名近臣来到这个寺院。因此被明智光秀的大军包围时，他就无计可施了。

光秀先前服务于将军义昭，虽然谈不上是信长一手培养的武将，但是信长肯定了他的能力，先给他近江两个郡让他当坂本城主，后又给他丹波，让他占据离京都很近的据点及相应的待遇。即便织田信长对他保持普通的警戒心，也没有料想到他会谋反。之前，信长招待家康的宴会也让光秀准备，宴会中信长因为一些小事对他发火，这反倒证明他对光秀是信任的。光秀为什么会谋反，有各种意见。无论如何，对光秀来说，他对因过往经历难免有自身难保的不安全感，在招待家康宴会上他因接待不周受到责骂，信长命他让出丹波却允诺给他尚未占领地区的领地，或许是这些事件重叠在一起才使他才下决心谋反；何况作为当时的武将，看到信长行动中保安措施不足，漏洞大、得手机会多，大概谁都会禁不住诱惑。

从信长的势力看，平定全日本只是时间问题，他在家臣的反叛中倒下是意料之外。信长时年49岁，嫡子信忠在事变当时出了妙觉寺进入二条城，被叛军包围也在那里战死了。织田家次子信雄一度成为养子进入伊势国的司北畠家，后来领有尾张、伊势，在小田原战之后拒绝转封东海（骏和国），被没收领地，后来成为丰臣秀吉的相伴众，领有了大和的一部分土地。关原大战中他因为倾向西军失去了领地，后来又从德川家康那里被赐予原领地。三子信孝是伊势的神户氏养子，成为岐埠城主，但因为和柴田胜家同伙，胜家灭亡后他投降，被命自刎。嫡长子信忠的儿子三法师（后来的织田秀信）不久后成为岐埠城主，可是关原大战时他因倾向西军没落了。最后织田家只有信长的弟弟有乐斋长益拥有大和的芝村，次子信雄的后人作为大和松山的小大名延续着。

对外交流

京都地处内陆，不是港口城市，可是因其首都的地位以及产业的影响，在对外交流以及贸易方面占有很重要的地位。日本与亚洲大陆的关系当然密切，自葡萄牙人的船飘到种子岛后，日本与欧洲有了交往，基督教传来。耶稣会的传教士圣方济各·沙勿略到日本访问都城，可那时候京都正处于战国动乱，他没有获得什么成果。永禄二年（1559年），传教士加斯珀尔·维莱拉到了京都，他头戴红帽子、身披黑的毛呢披风，在京都的大街上阔步引起一阵骚动。永禄三年，他拜谒将军义辉；永禄八年，维莱拉与路易斯·弗洛依斯也晋见了将军。织田信长对南蛮的风物十分关心，天正九年（1581年），他会见了耶稣会巡察师范里安，范里安献上了黑人奴隶。有一段传闻说，信长看到黑人后亲自去摸一摸他们的皮肤，想确认是否是涂黑的，南蛮屏风上也画有南蛮人在京都大路上阔步的图像。

后来，丰臣秀吉在出兵九州的时候得知基督教对该地的渗透，并知晓葡萄牙、西班牙称霸世界的野心，开始警戒外敌。天正十五年，丰臣秀吉发出了驱赶神父伴天连的命令，但是据说他对于南蛮的兴趣也很大，丰臣秀吉曾身穿葡萄牙风格的服装吃西式牛肉大餐。天正十九年，他和巡察师范里安会见，获赠了阿拉伯产的骏马。

秀吉平定天下之后，天正十九年九月下令出兵朝鲜，这是扰乱善邻之暴行、不知大陆广阔的狂妄举动。军队主要是从西日本送出的，为了输送兵源，动员了琵琶湖、淀川的船只。文禄二年（1593年），日朝曾一时议和后又决裂；庆长三年（1598年），因丰臣秀吉死去，日本撤兵。

德川前期，很多日本人都去东南亚做生意，当然京都的町人里也有雄飞海外的人。既有横渡太平洋的田中胜介们，还有广为人知的角仓了以、茶屋四郎次郎等。从德川家光开始，日本进入锁国时期，和朝鲜的关系方面有朝鲜信使来日、与对马的宗氏交流，在长崎仅剩下与荷兰、中国的贸易。其中主要进口商品是中国生产的生丝,用来做西阵纺织业的原料。德川幕府实行丝割符制度[3],在分摊进口生丝的时候,京都、长崎、堺、江户、大阪五处是中心。京都地位较高,特别有分配给吴服所的份额。日本主要出口产品是铜,铜在大阪精炼,京都是其他工艺品主要生产地。由于产业的缘故,京都也曾是贸易的中心。

丰臣时代

山崎战役

本能寺之变之际,信长率领下的武将北边有柴田胜家、丹羽长秀,东边有泷川一益;中国地方羽柴秀吉包围毛利方占据的备中地方高松城,逼城主清水宗治切腹。得到消息后,秀吉先与毛利讲和,然后立刻直奔畿内。秀吉经过姬路并在尼崎布阵,在这里与茨木的中川清秀和高槻的高山右近等兵马会师,整顿好大军。后来《太阁记》第十段,"尼崎之段"专门记载了这次会师也是不无道理的。特别有趣的是,这时茶道宗师千利修专程来到尼崎慰问阵中将士,随后茶人津田宗及也跑来慰问进攻摄津富田的司令部,战斗前夕各方舆论都是支持秀吉的。秀吉大军打入摄津、山城境的大山崎,和前来迎击的明智光秀大军在大山崎的东北部交火。明智方战败后向近江坂本城逃跑,途中在山科的小来栖地方遇到当地农民的阻击,农民用竹枪将明智光秀击至重伤,后光秀自杀。

战后,丰臣秀吉在大山崎背后的天王山建造了山崎城,它从远处虎视眈眈地睨视着京都，看京都走上天下平定的道路。大山崎乡在摄津国、山城国境上，是跨越两国的町；住民从中世纪以来就保持了惣的组织。这个地方中世纪因产油繁荣起来，该地有离宫八幡宫的油神人生产油。前近代油匠从这里销声匿迹，因为秀吉为经营大阪的工业把油匠请到大阪去了，此后大阪成为日本的产油中心。

因大阪土地狭小，秀吉的根据地设在大阪的本愿寺遗址上。他想让大阪成为畿内的中枢（五畿内之廉目能所）——控制摄河泉平原（大阪平原），西至六甲，东到生驹、信贵，东南是便于防守的金刚、葛城的山脉；淀川、大和川两大河川流入西边广阔的濑户内海；大阪既是军事要塞，又是交通要地。正如大山崎的油匠搬迁到大阪一样，秀吉将各地的产业汇集到大阪来为城市发展做贡献，打下了大阪作为"天下的厨房"的基础。

过去，信长考虑到与公家、寺社等复杂关系，没有在京都实行乐座和撤销关卡的政策。虽然信长设京都所司代，但他在京都也没有建新据点，将本能寺当成落脚地，遭突袭而离世。秀吉在京都实行了乐市乐座和撤销关卡的政策，建立御土居、整顿街区，开展前近代京都的城市化。

聚乐第与伏见

秀吉把根据地设在大阪，自他当上关白、太阁之后，为方便参加朝廷的仪式在京都又营造了聚乐第，还把伏见当成居住城，秀吉晚年多在京都。但因为丰臣家的不幸命运，秀吉在京都的遗迹竟然一处也找不到了。

秀吉建造的关白住所聚乐第毫无踪影，只剩这栋建筑在屏风画面上残留着，可以窥到当时壮丽的样子，据说聚乐第遗留下来的建筑是大德寺的唐门。现在的二条城西北残留有一处地名叫聚乐迴（中京区），大约是建筑原址，人们在这附近找到过金箔瓦。曾有人一度主张说西本愿寺的飞云阁是聚乐第的残存建筑，现在否定的意见很多。

秀吉没有子嗣时领养了姐姐的儿子秀次并提拔他为关白左大臣，可是秀吉的儿子秀赖出生后，他和秀次的关系就微妙起来。秀次因举止荒唐被责难，秀吉把他送到高野山，后来又让他切腹自杀。关于秀次的荒唐行为，《太阁记》有记载说：

> 正亲町院（天皇）的服丧期间，秀次在禁止杀生之地比睿山打猎，被称为杀生关白，他还有杀害盲人等劣迹，秀次全副武装去打猎，被怀疑有谋反的嫌疑。

秀次没有才能却登上关白高位，又因秀吉有了亲生儿子而放纵自身，秀吉把他送上高野山也还不放心，还命他切腹。也有记述说，秀吉期待高野山的兴山上人来说情，这样他就会饶秀次一命，但是从丰臣秀吉将秀次的孩子以及宠爱的妻妾等三十多人在三条河原都杀掉看，希望高野山僧人求饶一说只是装装样子罢了。杀了秀次的男性后代不难理解，但是连女儿、妻妾都残酷地杀害，只能说明秀吉老了。

秀吉把关白职位让给秀次以后，在伏见造城隐居，晚年多在这里度过，也在这里离世。伏见位于京都南部，有与东山相连的丘陵，是控制前往大阪的水陆交通的要害之地。关原战役之际，德川家康的家臣鸟居元忠进入伏见城，受到石田的军力攻击，因鸟居死守，伏见城烧到坍塌。

现在这里称为伏见桃山，伏见城叫作伏见桃山城，因此有时把丰臣时代称为桃山时代。可是桃山不是当时的名称，到了前近代中期，这里有了桃林才叫作桃山。明治天皇的伏见桃山陵建造在这里，由此人们广为知晓，而且叫伏见桃山从语感上感觉很好听，所以广为传播。将秀吉时代叫作桃山时代是不合适的，秀吉那时候也不曾存在过伏见桃山城。我提倡直接称为伏见城，把丰臣秀吉的时代名称叫作大阪时代为好，也与秀吉把大本营建立在大阪有联系。[4]

近世京都的城市规划

近世京都作为三都之一与江户、大阪并列，十分繁荣。当然，应仁之乱后连续不断的战乱让京都荒废。织田信长火攻上京，京都屡次遭受苦难。即便如此，从平安时代以来京都长期作为首都，是日本政治、经济、文化的中心；室町时代，足利幕府也在这里选址，许多公家、武家生活在这里；而且神社的总社、庙宇的总寺院都设在这里。街道上金融、商业、产业十分繁荣，京都成为全国经济的核心。

也许因为避免复杂的政治关系的缘故，武家权力没有选择京都作为大本营，信长选择了安土城、秀吉选择了大阪、家康选择了江户作为根据地，但是他们依然十分重视京都，为统治这个城市在京都放置了所司代、奉行等。

战国动乱时期，织田信长因与室町幕府的矛盾火烧上京，但整体上他对待寺院、神社还是采取慎重态度的。他首先在自己的大本营岐埠、安土的城下町采取了乐市、乐座政策；但是在京都却承认公家、社寺的既得利益，对于皇室领的土地、率分[5]、关卡收费等一概没有改变。为此，诸关卡收上来的贡纳钱都上交到管理内藏寮领的山科家。可是丰臣秀吉则于天正十三年（1585 年）否定了寺院、神社本所的应得份子，天正十九年免除京都的地子钱（租金）、公共事务收费，废除了座的垄断，仅仅留下了与货币、度量衡等基本经济领域有关的座，实现了工商业自由，还废除了京都七个关卡的收费。当时堺市的诸座似乎没有波及到，不过到德川时期也全都废除。

秀吉在京都建造了聚乐第，用来做关白的居所，但是他经常隐居在伏见城，因武士常来拜见他，所以京都居所也很热闹。秀吉整顿了京都，整齐规划了上、下京的街道。虽然九条稙通曾经反对，他批判说帝都不需要这种土墙，秀吉让京都周围围上了御土居、上面种竹子、外侧有城壕和河川给京都设防。这个御土居[6]东沿贺茂川，在北山大桥附近左转，在鹰峰再左转，经纸屋川之东南下来到九条大道东面。现在御土居遗迹在御所的东面、北野天满宫附近、纸屋川东仍存在，被认定为史迹。

上京下京有町人的自治组织——町组，一个町由南北向的街道两侧住家构成，街道一侧南北长 60 间（约 120 米）以铺面三间[7]为基准，可以容纳 20 家商铺。每家进深 20 间，京都实现了长方形街道构成[8]的都市计划。另外还留有通路，里边有出租房屋等。

都市生活最重要的另一环节是上下水问题。京都是盆地，只要掘井就可以得到好水，上水供应是没有问题的。到现在还有些饮食业的店铺认为，以琵琶湖为水源的自来水水质差而使用井水。但是下水就需要开发设施了，幸亏京都的地形是北高南低，看贺茂川的流向就可以知道上游与下游有相当大的落差，北部的贺茂大桥的高度和南部的东寺的塔顶一样高，所以京都利用南北十几米的高低差，在家家户户的背面建了下水道。这就是太阁（指丰臣秀吉）的背脊排水 [9]，至今还有一部分下水道在使用。

丰国神社与耳塚

庆长三年（1598 年），秀吉 62 岁离世。辞世和歌（临终时的诗歌）是：

> 随朝露而生 随暮露而逝 此即吾身哉
> 浪速风云事 宛如梦中梦

浪速指大阪，因为和淀殿生的儿子秀赖生活在大阪城，所以他认为自己的大本营还是大阪。可是秀吉的墓地和家庙在京都东山，死后朝廷封给他谥号丰国大明神，还建立了丰国神社来祭祀。神社在大阪战役之后被置之不理任其腐朽了，直至近代才得以再建。那附近还有与秀吉正室夫人北政所、高台院有关的高台寺，秀吉创建的方广寺，这些寺院均和秀吉家有千丝万缕的关系，源流颇深。方广寺大钟人尽皆知，是因修建方广寺时梵钟铭文刻有"国家安康""君臣丰乐"，德川家康以此大做文章，说将他的名字拆开刻铭文等于诅咒，丰臣秀吉借此祈愿丰臣一族繁荣，成为大阪战役的开端。

中世以前把真实人物神化，主要是为安慰怨灵，菅原道真的祭祀就是很好的例子；而秀吉则是以生前的功绩被神化的。家康葬在骏河的久能山，成为东照大权现，在日光东照宫和久能山的东照宫被祭祀。人们在冈山的建勋神社里祭祀织田信长，不过这神社是近代以后建造的了。

话说丰国神社前存有耳塚，沿着正面大道走，就位于其路旁。耳塚小而整洁，上建有石塔。虽然少有人知，但此处是记录丰臣秀吉侵略朝鲜的历史遗迹。天正十八年（1590年），丰臣秀吉迫使后北条氏投降，平定全日本，翌年9月丰臣秀吉趁这个势头企图入唐、出兵亚洲大陆。这个计划不仅要占领朝鲜，还要征服明朝，进一步目标还有天竺。这种不可一世是践踏善邻关系的侵略，是不知大陆广阔的愚蠢计划。

当初，侵略他国的日军因为有战国时代战争的历练，又会有效地使用步枪，所以占优势；加之朝鲜方面应对不力，日军很快就控制了汉城（今首尔）、平壤等主要城市，第一军还曾到达朝中边境的图们江。可是朝鲜方面恢复过来后，民兵四处进行游击活动，加上李舜臣所率领的水军英勇奋战打得日本水军败退失去制海权，战况对日本很不利。明朝的援军被小早川隆景、立花宗茂在汉城北郊碧蹄馆打败。其后姑且进入议和阶段，这时明朝国书中"封尔为日本国王"的写法引起了秀吉的不满，他撕毁协议。庆长二年（1597年），日本再度出兵。这次朝鲜方面整备了防卫体制，汉城以南战线处于胶着状态，翌年以秀吉的死为契机日方撤走。这场侵略战争给朝鲜带来很大的损失，日本百姓也因幕府征战饱尝苦楚。

其实明朝国书的内容和送给足利将军的意义相同，按照传统，明朝就是将日本当作附属国。丰臣秀吉统一日本，又有侵占朝鲜的自信，加之与日本朝廷的关系等因素影响，他才对明朝国书不满。该国书现保存于大阪城天守阁。

日本国内战争的惯例是把敌方大将的头颅送给主将看，但因为难以从朝鲜运回大量首级，所以削下耳鼻送回日本。所谓耳塚，就是掩埋敌将耳鼻进行凭吊的塚。据醍醐寺的僧人义演记述，丰臣秀吉第二次出兵时，肥前名护屋在前线基地收到 15 个桶，里边装有用盐腌制的朝鲜人的耳鼻；吉川家还保留着一份收条，是早川长政写给藏人（广家）的 1245 个鼻子的收条。这种残酷并令人毛骨悚然的做法遵循的是日本战国的习惯，当时削敌军鼻子送回日本，但鼻塚读起来语感不好，才改称耳塚。

至今，韩国人依然没有忘记侵略所带来的灾难，笔者访问韩国的时候也有耳闻。近年，韩国人来日本旅游的路线里有大阪城和耳塚，听说韩国人参观丰臣秀吉的大阪城时也凭吊耳塚。他们是来祭奠祖先的。

江户时代的京都

田中胜介横渡太平洋

德川家康作为一员大老收拾了征韩战争的残局，同时他在关原大战中得到天下后，也积极开展起来外交、经贸活动。那时候的海外贸易主要限制在港湾城市——堺市、博多等地进行，京都不算贸易都市；但是京都毕竟是首都，过去就有经济基础。所以在贸易上也有一定地位。它生产出口产品又是进口生丝的大主顾，京都与经贸都有很深的联系，京都出现了以角仓了以、茶屋四郎次郎为代表的贸易商，清水寺也有茶屋献纳的朱印船（持有幕府盖红色官印公文的商船）贸易份额。摄津平原上的平野藤次郎（第一代叫作长成）来到京都，成为江户幕府伏见银币铸造厂的厂长、二代的政贞也积极从事幕府允许的朱印船商船贸易。

根据《异国御朱印帐》《异国渡海御朱印帐》记载，虽然历史上没有记载他们个人的详细身份，有一些人得到幕府的允许出海。庆长十年（1605 年），住在京都六条的仁兵卫曾经去过马来半岛的太泥；庆长十一年，河野喜三右卫门曾出海到柬埔寨；庆长十七年，船长利兵卫曾经到过交趾（安南）。京都町人很关心贸易，还有许多京都町人直接从事长崎的贸易。幕府锁国后的延宝三年（1675 年），京都西阵的町会书记《值班日记》记载，这种商人人数为 138 人。

在这种动向之中，令人瞩目的是日本人中首先横渡太平洋的京都商人。过去，日本与葡萄牙等国交流都是外国人从本国出发绕过非洲的好望角，经过印度、东南亚来到日本。如果从欧洲出发直接来日本的话，航路就要越过大西洋经过南美的最南端，穿过麦哲伦海峡或者从陆路横穿北美再渡太平洋，但是因为危险大、距离远，未曾有人尝试。

庆长十四年九月，西班牙前任菲律宾长官德·比贝罗打算横渡太平洋，从西班牙的殖民地新西班牙（nova Hispania，即墨西哥）回国，结果遇到海难。他漂流到日本东部上总[10]，德川家康对他予以保护，同时幕府请求与新西班牙互通贸易，并要求对方派遣矿山技术工程人员来日。庆长十五年六月，德川幕府给了德·比贝罗一艘三浦安针（本名威廉·亚当）建造的船，出发到新西班牙，同船的还载有京都的商人田中胜介。翌年，他乘坐新西班牙总督使节塞巴斯蒂安·比兹凯诺的船回国。虽然乘的是西班牙船，但是他是历史上第一个在太平洋上往返的日本人。其后日本幕府开始了锁国政策，直到幕府末期（1841）中浜万次郎再次漂洋过海[11]，其间再没有其他人渡太平洋了，所以其意义深远。

遗憾的是，我们无法得知田中胜介到底是一个什么样的人物呢？其履历不明。他能够同乘德·比贝罗的船，肯定有家康的关照，可以推测他与德川幕府的关系非同一般，当然，该船也装载了日本商品，可见他也有相当的资本。因此可以认为胜介应该是一个不错的商人。他现身于历史舞台又如流星般消逝，可见当时京都包括朱印船贸易在内，确有从事远洋航海的冒险商人。

歌舞伎

太平盛世里，文化、艺术也跟着繁荣起来，京都就是其中心。

首先，前朝兴起的能乐与狂言演出活动活跃。织田信长喜好"幸若舞"[12]，对能乐不甚关心，他到京都以后叫停将军义昭举办的能乐演出，据说他嫌能乐演员表现危急时刻时表演得太从容不迫了。可是据说丰臣秀吉在出兵朝鲜的前线基地（肥田名护屋）把暮松新九郎叫来开始学习能乐，还约了金春八郎、观世左近一起沉醉于此娱乐中，一天演十几支能乐舞。现在的能乐一支舞需要一小时以上，或许读者一定奇怪他们一天怎么能舞那么多支呢？当时舞速快，所以一支舞所需时间较少，能乐因而普及，前近代能乐作为武士阶级的娱乐方式占有一定地位。

狂言方面，大藏流狂言的奠基人是大藏虎清和他的儿子虎明。虎明写下了现存最古老的狂言脚本——"虎明本"，还留下了一本介绍狂言规则的书《童子草》[13]。此外，还有鹭流，该流派狂言名家有鹭宗玄，还有和泉流，正是狂言流派三足鼎立的时代。可是直至宽永年间（1624—1644），狂言都不独立，只能作为能乐的附属存在，表演归能乐主角的宗家来支配。

日本传统上对于滑稽类的艺术总有些看不起，"二战"后才改变，狂言被视为中世纪平民艺术的精粹；现代，狂言则作为一种独立的艺术形式广泛流传。

笔者胁田夫妇喜欢艺能，夫人晴子自小学习能乐，现在她也随浦田保利大师进行能乐的演出，去年演出了《卒塔婆小町》。那时我们的长子是高中生，我亦年过花甲，我们父子随茂山千之丞先生学习狂言，有时在夫人晴子演出能乐的幕间我们父子俩就演出狂言。

庆长八年（1603年）4月，京都四条河原町出云地区的阿国开始表演歌舞伎。歌舞伎这个名词是按照发音给填上汉字的，当时街上行走的一些穿奇装异服的人常做一些引人注目的动作，人们称之为"カブキ者"，意思是"倾奇者"，歌舞伎一词也由此而来。

《当代记》里记载："近来，有称歌舞伎舞蹈一事，出云国的出云大社巫女名唤阿国，但此女非好女，为募捐上京都。譬喻她模仿沉湎女色的轻浮男子，腰配短刀等等女扮男装格外异相，（她）表演男子去茶屋女处游玩的情景并视为时髦，京中上下赏玩于此，也不把这当作坏事。她还到过伏见城演出过数次。其后许多妓女受其影响纷纷成立歌舞伎座，云游诸国。可是江户右大将秀忠公终不赏识。"

阿国是否为神社的巫女并不确定，身世也不清楚。总之，1603年2月德川家康被任命为征夷大将军，同年10月之前他都在京都。阿国预感到新时代的来临，前去繁华的京都，其女扮男装与茶屋女相戏的标新立异的打扮被大众所接受和欣赏。

其后德川幕府认为这种歌舞伎败坏风俗、"紊乱风纪"，将其取缔。不久，由成年男子表演的"野郎歌舞伎"上演，成为今日歌舞伎的前身，使歌舞伎成为代表日本艺术之一传承至现代。

东西本愿寺

京都寺院中，京都东北部—鬼门由天台宗山门派总寺院比睿山延历寺镇守，净土宗总寺院知恩院在东山。净土真宗的两个本愿寺位于乌丸大街和大宫大街之间，是近世初期搬迁来的，掌权者赐予他们六条的土地建寺。

本愿寺曾设于山科地区，战国时期本愿寺位于大阪，十分繁盛，众僧约有十年光景抵抗织田信长。天正八年（1580年），根据天皇的指示，与其讲和并离开。宗主显如离开大阪后，其后嗣教如继续反抗一段时间后败退。本愿寺从纪伊鹭森先后搬到"和泉贝冢"、大阪天满宫（丰臣秀吉时代），最后落脚现所在地。撤离过程中，本愿寺分裂，显如的次子准如进入总寺院成为正宗本愿寺，与教如的大谷派本愿寺分离。对掌权者来说，也希望将这个巨大的宗门分开，老奸巨猾的德川家康利用他们的不和把本愿寺一分为二。

两个本愿寺都有祭祀阿弥陀佛的巨大御影堂，庭园也十分漂亮。正宗本愿寺（西本愿寺）于天正十六年（1591年）移入丰臣秀吉捐赠的现址，历史上遭遇过庆长大地震，元和三年（1617年）12月失火被烧光，宽永九年（1632年）再建，宽永十三年御影堂落成。西本愿寺内有教主接待门徒的大礼堂"鸿之间"，它因栏杆上雕刻有云间飞鸿得名，迎宾的白书院也有鸿鸟花纹的木栏杆雕刻，庭园名胜滴翠园里建有三层楼阁国宝飞云阁。有人说它整体上继承了伏见城时期该寺院的建筑样式，而飞云阁正是仿当年聚乐第的模样，虽然现在争议很多，但这建筑群无疑是前近代前期优秀的建筑群。

宽永十八年，大谷派本愿寺（东本愿寺）宣如也得到德川家光捐赠的土地，在新址建立寺院。该处经常失火，现存有明治时期再建的大殿，庭园枸橘邸（涉成园）据说是石川丈山建造的，至今仍为名胜之地。这两个本愿寺，正宗派在西边、大谷派在东边，所以京都人都亲切地称之为阿西和阿东①，通称东西本愿寺。

本愿寺旁，建有真宗兴正寺派的总寺院——兴正寺并形成社区，兴正寺在战国时期就已相当具有势力，也是寺内町河内富山林的领主。兴正寺着力建设寺内町，至今也还在该处留有分寺。

本愿寺东边的寺内町有着独特气质，寺内町是指设在寺院领有土地内的街道。其他宗派的寺院对于圣域与俗地的区分得很严格，所以通常是寺院门前设集市并形成街道；而净土真宗的和尚可以娶妻、吃肉，所以寺院内形成居民区——寺内町。大阪本愿寺也有同种寺内町，特别是大阪本愿寺附近有前述的富田林、八尾、久宝寺、贝冢、大和今井等寺内町，它们与街市相连。

继承寺院办学的传统，现在东本愿寺的系统有大谷大学，校址设在京都市北区；西本愿寺系统设立有龙谷大学，龙谷大学大宫

---

① 原文为お西・お東

学舍在总寺院的西侧并与之相邻，大学的主楼为明治十二年（1879年）建成，被指定为日本珍贵文化遗产。此外西本愿寺系统还设立了京都女子大学等许多文化机构。另外比如有净土宗系统的佛教大学、基督教的同志社学园（大学）等，京都的教育设施多与宗教有关。

社寺的复兴

战国时代受到战争影响荒废的神社、寺庙复兴，德川幕府授予社寺加盖朱印的土地地契，稳定其经营；由于前近代初期武将、富商频繁的捐赠，社寺复兴，诸多建筑动工。

德川氏皈依的净土宗在法然去世之处建设寺庙，又在此基础上建了知恩院。庆长十二年（1607年），后阳成天皇的八皇子进入寺院修行，这个寺院就成为宫门迹寺院。将军纲吉的母亲桂昌院虔诚信佛，为洛西的善峰寺复兴尽了不少力。门迹寺院指皇族、摄关、清华家的子弟作为住持的寺院。除了本愿寺、知恩院、照高院之外，还有很多从平安、镰仓时代起就与宫廷关系很深的妙法院、大觉寺等等天台宗、真言宗的寺院，这些寺院也复兴了。尼门迹做为皇族、华族女子修行的地方，建立有临济宗的灵鉴寺、昙华院，其中还有以"人形寺院"闻名的宝镜寺、丰臣秀次的生母瑞龙院日秀建立的日莲宗瑞龙寺移到近江八幡现在也还保留着。镰仓时代，俊芿开山的东山泉涌寺被皇室和幕府当作天皇家的菩提寺，尊崇为"御寺"。从后水尾天皇到孝明天皇，天皇和主要皇族驾崩后都在这里举行葬礼和法会；该寺墓地为后月轮陵，宽文八年（1668年），幕府出资再建佛殿。

禅宗方面，大德寺、妙心寺十分昌盛。大德寺的复兴依靠募
捐，与千利休被赐死有关的山门就是捐赠的。这一时期，大德寺住
持由江月宗玩等人担任，寺庙建筑又有细川忠兴（武将）捐赠的高
桐院、小堀远州（茶人）捐赠修建的孤篷庵；到了元禄时期，这里
共有 24 座塔、寮舍 41 所。南禅寺也因出现了号称黑衣宰相的高僧
以心崇传[14] 等人，因此面目一新，天龙寺、相国寺、建仁寺、东福
寺等五山也复兴了。

真言宗方面，应仁之乱后仁和寺荒废，后得到德川家光的资助
再次复兴，移筑紫宸殿成为金堂、移筑清凉殿为御影堂，还建造了
五重塔。东寺的灌顶院在地震中遭到很大破坏得到重建，五重塔遇
到火灾烧毁，也得以恢复了。此外努力复兴的人物还有为了复兴醍
醐寺努力过三宝院僧人义演，还有努力中兴嵯峨"虚空藏桑"[15]法
轮寺的僧人恭畏、受到家康保护的新义真言宗智山派智积院的开创
者僧人玄宥，还有在深草地区称心庵隐居的硕学僧元政。

承应三年（1654 年），来自福州黄檗山万福寺的明朝僧人隐元
隆琦来日，得到幕府的援助在宇治建立寺院，并用他在福建学佛时
的万福寺给寺院命名。这个寺院将明朝的禅传给日本，同时还带来
了中国文化，短歌咏到，"一跨出山门，听到日本式的采茶谣"。广
为人知的是这个宗门出了个铁牛道机和尚推广黄檗禅，还有铁眼道
光和尚从全国集来净财①，刊行了所谓铁眼版的大藏经。

神社的复兴也开始了。幕末，上、下贺茂神社的本殿重新改造，
社殿的大部分都是在宽永年间营造的；室町时代中断了的大修惯例

---

① 净财，佛教用语，指使用者若远离贪欲所得之财，多用于描述信者布施、喜舍之
财。

"式年迁宫"[16]，于宽永五年（1628 年）恢复。宽永九年，石清水八幡宫的社殿、平野神社修复；承应三年（1654 年），八坂神社再建，其本殿反映了神佛调和的独特宗教思想，祭礼也在同时期恢复了。

桂离宫和修学院离宫

　　丰臣秀吉作为武家统帅，兼任公家中名列第一的关白、太政大臣，控制公家、武家、登上日本权力巅峰；德川家康成为源氏长者，担任征夷大将军，在江户开启了幕府掌握政治实权的时代。武家当然不忘对朝廷的管制，政权稳定后，德川家康为了管制天皇、公家，让金地院崇传（以心崇传）起草制定了《禁中并公家诸法度》。其第一条就是"天子诸艺能事，第一御学问也"，定了天皇的任务。德川家康让次子德川秀忠的女儿和子做了后水尾天皇的中宫娘娘（东福门院），德川家与天皇家结亲，并积极在宫中培植势力。

　　被夺走政治权力的朝廷自然会与幕府对立，宽永四年（1627年），"紫衣事件"发生，即历来高僧封号都由天皇授予，但因德川幕府剥夺了天皇授予大德寺住持正隐宗知的紫衣①，泽庵宗彭等人提出抗议。《禁中并公家诸法度》[17]里写有规定，大意为紫衣寺院住持本少有，天皇不应任意敕准。抗议者表示幕府的这一规定就是在否定天皇敕准，无视天皇权威。幕府使用强权把抗议者泽庵流放到出羽上之山，不过后来泽庵得到赦免，还被将军家光重用，在品川建立东海寺。

　　另有一事，即春日局单独拜谒后水尾天皇。德川家光的乳母春

---

① 紫色本非佛制之色，紫衣袈裟多为御赐之物。

日局把家光扶上将军之位的功劳，自然是幕府内部的当权者。但是让这样一个地位卑微、无职无官的女人到禁中拜见后水尾天皇有失体面，天皇因此十分不悦。

后水尾天皇个性刚毅，因为与幕府的诸多矛盾，他不到35岁便宣告退位。宽永六年11月，让位给他与和子所生、具有德川家血统的女儿——兴子内亲王（明正天皇）。当然，其后51年他一直施行院政，天皇采取退位的行动则是表示抗议。

后人想起后水尾上皇，不免会想到修学院离宫，这片恢宏的建筑群是他成为上皇后才开始建造的。修学院离宫利用洛北比睿山山麓的自然倾斜，建有上、中、下茶屋，上茶屋临近浴龙池和邻云亭等，下茶屋是由寿月观等御殿组成的离宫。明治十九年（1886年），中茶屋重建，由返还给宫内厅的林丘寺御殿、乐只轩构成。修学院离宫真不愧为上皇所主持营造，占地辽阔，建筑设计令人心旷神怡，笔者非常喜欢这里。

更早，在洛南的桂川西岸，后阳成天皇的弟弟智仁亲王建立了桂离宫。亲王在桂川本有一栋知行所，即"瓜田的卡罗绮茶屋"[①]，不久又增加假山、园林、古书院月波楼。亲王去世以后知行所暂时荒废，据说智忠亲王成人后加以整葺，添设中书院、新御殿、笑意轩等。大殿面向知行所中央的浩荡池水，池畔茶室星星点点，建筑物装潢新颖。20世纪30年代，布鲁诺·塔乌来日，对数寄[②]屋风格的书院和洄游式庭院赞不绝口，称其为"日本建筑中的世界级奇

---

① 原文为瓜畑のかろき茶屋。

② 数寄指外糊半透明纸的木方格推拉门，数寄屋为典型日本建筑样式，将茶室意境与书院式建筑风格相结合。

迹"，可"长传于世"。

近代以来，这两个山庄归宫内厅管理，为皇室离宫，因此一般对外不公开。如有机会，笔者强烈建议读者前往参观。

鹰峰的艺术村
——宽永时期的文人

走到京都西北郊，可见一个坡度不陡的鹰峰——绿色半圆形丘陵，它让人的心情一下子平静下来。其山脚下有个很重要的村子，是日本近世前期文化艺术的发源地。元和元年（1615 年），本阿弥光悦得到德川家康赏赐，领受鹰峰山麓的广大土地，一族人都移居至此，从这时起开始了艺术村的历史。光悦是卓越的文人、书法家，其书法与近卫（三藐院的）信尹、松花堂昭乘齐名，是宽永时期三大名书法家之一。他的绘画水平也很高，不仅在嵯峨本[18]出版上施展过绘画才能，在漆画（莳绘）、陶艺方面也都留有卓越的作品。

本阿弥家原来住在京都市中的小川通今出川上本阿弥辻子，家族主业是制造刀剑，以鉴别、磨光、修正瑕疵为主。除了锻造刀身之外还生产刀锷、刀柄、刀鞘，在刀柄上做金属装饰，以及加工刀鞘插入的笄等；制作产品的工匠需要金工、木工、漆工、皮革工、结艺工来配合。本阿弥家负责管理这些工匠的，大概光悦就是率领了这些工匠一起搬迁来的。

在这里落户的还有茶屋四郎次郎、雁金屋宗柏、灰屋绍益，共有 55 户人家。茶屋家第一代清延就是德川家的御用町人，本能寺之变时德川家康在堺市遭遇危机，茶屋清延为他带路，让家康平安地回到三河，由此出名；丰臣秀吉统治时代，茶屋家是富商，派出朱印船到安南做生意。富商雁金屋的创始人之孙是著名的艺术家尾形光琳、尾形乾山。灰屋本名佐野，经营染织所用的绀灰，是个文人，通晓和歌、茶道、蹴鞠，写过随笔《目觉草》，他妻子是京都岛原的名妓吉野太夫。村里聚集着很多京都德川幕府御用的商界人士，同时他们又是文人，鹰峰自然而然地成为文化、艺术活动中心。

这个地方还有另外一张面孔。从室町时代开始，日莲宗渗透京都町人，甚至引起了法华一揆，此处寺院很多，鹰峰的住户也是日莲宗的信仰者。本阿弥一族是法华宗的本法寺施主。从本法寺招来僧人日慈创建了光悦寺；此地还迎来身延山久远寺的僧人日乾，建立常照寺，常照寺的山门即是灰屋绍益夫妇捐赠的。村中设学问所——檀林，成为京都法华六檀林之一。

鹰峰成为京都富豪的交际场所，它既是工艺美术的艺术村，又是法华信仰者的理想乡。

家元制度

前近代社会发展中，各种文化——从歌舞、音乐到学问、文艺都在町人世界里以爱好形式得以发展。京都艺能繁荣的同时，家元制度（以掌门人为中心，统领流派、维持艺道传统的传代宗师制度）也逐渐扎根。虽然这种制度导致了很多问题，但其在坚守艺道传统上有着不容否定的功绩。

从茶道看，在德川时代因利休之死沦落的千家茶道得到复兴。元伯宗旦是利休的孙子，千家第三代，他是优秀的茶人经营着不审庵、今日庵，就像他的绰号"乞丐宗旦"一样，他彻底贯彻了"闲寂""恬静"的传统。这个宗门，出现了表、里、武者小路三种千家，还有数内家等流派。与掌门人制度结合家族传代制作茶道具的名家也产生了。其中最有名的"千家十职"——以粗陶器闻名的乐吉左卫门、釜师的大西清佐卫门、陶器的永乐善五郎，还有漆器"一闲张"[19]工艺师的飞来、涂抹师的中村、裱糊师奥村、竹工艺品制造师黑田、袋师的土田、金属器具师的中川、细木工师的驹泽等各家，现在业务也很繁忙。太平洋战争前，茶道爱好者为富裕阶层的男性，战后茶道成为女性教养之一得到普及。

从花道看，池坊家自中世纪就以"立花"活跃于世，前近代确立其地位，后全日本都有其门人。蜂谷家为香道的志野流掌门人，也是从京都起家的，后来移到名古屋，在名古屋、京都都有许多门人。

能乐方面金刚流的掌门人野村家后来改姓金刚家，定居室町四条上边，被京都人爱戴。最近金刚家在乌丸大街的御所西边盖了新的大楼，把原来的能乐堂移到这里。观世流中，担任专门扮演配角（胁方）的福王家家元的服部家，有一阵子很活跃，可不久，二代片山九郎右卫门对观世（流）大屋进行管理，以片山家为首，成立了'京都观世'的五家掌门人。当然也还有一些流派如金春、宝生、喜多、春藤、高安也参与竞争。

岛原和祇园

烟柳巷依附于都市，近世都市中独身男子多，比如把妻子留在家乡的武士和各种奉公人，所以烟柳巷很繁荣。为稳定社会治安，幕府和藩都许可它存在，都市、市镇基本都设烟柳巷。京都有公认的游廓岛原，还有以茶屋名义存在的祇园、上七轩等繁华之处。

京都岛原和江户的吉原、大阪的新町齐名，为日本三大游廓地之一。战国时代京都的烟柳巷位于五条的东洞院，天正十七年（1589年）由丰臣秀吉批准二条柳町出现了烟柳巷；庆长七年（1602年），它移至下述区域——北起五条、南到渔棚、东西在室町至西洞院之间，总称六条三筋町。而且宽永十七年、宽永十八年，烟柳巷搬迁到岛原与丹波街道相连，即从下京通过大宫大街六条往西走就是。因为洛中繁荣，六条烟柳巷太接近中心城区，所以外迁到都市外缘，周围都是农田。幕府禁止"倾城商卖"，不准外派倾城出入京城的各个街道。当初这片土地似乎叫作"西新公馆倾城町"，不知何时被命名为岛原，也许因搬迁时候的骚动令人想起三年前的"岛原之乱"[20]，又或是因这里的出入口共用一个门，与岛原城的结构相似。

岛原东西99间（约180米）、南北123间（约224米），四周挖护城河，东侧设大门，形成一个封闭区域。其内部有上町、扬町等六个町，据说中期式微，可是还有倾城屋31家、扬屋21轩、茶屋18轩，倾城有太夫18人、天神85名等，共有549人（《京都御役所向大概觉书》给京都御役所的备忘录）。现在作为观光游览区烟柳巷遗迹依然存留，当然过去的状况已经消失了，昔年岛原游廓的建筑物残留下来的很少，只留有作为扬屋的角屋[21]和作为置屋（住宿所）的轮违屋等。前近代的烟柳巷有两种建筑物，置屋是艺伎等的住宿所也是客人游治的地方；扬屋是招来艺伎与客人玩乐的地方。如今角屋不再作为扬屋营业，而是作为观光景点允许游客参观；它的豪华建筑、独具匠心的装饰设计，还有扮成太夫的女子走动，让人想起往日时光。

四条河原之东是祇园神社的领地，近世初期也有一些零散的农户。不久有住户与门前町相连形成街道，称为祇园町繁荣起来。建起了不少茶屋，四条大道与花见小路街道交界的东南角有有名的"一力茶屋"，文乐、歌舞伎经常上演的剧目《假名手本忠臣藏》第七段——"一力茶屋之段"中，这个茶屋成为虚构人物大星由良之介[22]游玩的场所。自然剧情是虚构的，其原型大石内藏助虽说是家老，但当时是囚犯，像祇园那种高规格、收费昂贵的地方他根本去不起，顶多在山科附近的伏见撞木町一带游治罢了。

京都四条大道靠近贺茂河原两侧有戏院，有时候五家戏院并列，现在只剩下南座一家了，现今，剧目"颜见世兴行"大戏让 12 月的京都热闹非凡。

角仓与高濑川

京都在日本内陆部，重视物流以满足大城市需要。比如秀吉就对于进仓的米流通下过指示，他说京都的米进行物流时要保持合理的高价位。

嵯峨的角仓家，本姓吉田，从上一代起就发了财，他家行医还经营土仓、酒屋，还获得了洛中带座（经营和服腰带）座头的职务，成了大富豪。其中，角仓了以和他的儿子素庵在那个时代很活跃，庆长八年（1603 年）派出朱印船去安南进行贸易。庆长十一年，角仓了以开凿大堰河保津峡，打通了丹波到京都的水路。角仓了以接受幕府的命令在骏河富士川开通了船运，他运用优秀的土木工程、水利技术服务于那个时代。丹波在京都的背域[23]，水路提供了许多生活必需品，如果用陆路运输的话需要翻过高山，十分困难。据

《当代记》记载，说水路运输成功后，京都的木柴等物品都降价了。虽然现在保津峡已经不用来运送物资了，但它成了旅游景点，有游览观光船从丹波的龟冈驶到岚山渡月桥。岚山大悲阁安放着坐在粗绳盘成的坐垫上、目光炯炯的角仓了以木雕像。

这位先贤在京都市中心留下的伟绩是高濑川[24]。过去从濑户内海到京都走水路，在神崎川、淀川这一段尚可有装满三十石的船来往；因为贺茂川湍急的缘故，所以从淀川到鸟羽、伏见这一段就需陆运了。鸟羽有叫作车借[25]的运输业者，《洛中洛外图》里就有牛车通过贺茂河原的图像。笔者见到画面上土路与车轮接触部分自然地凹进去，推测其是否为避免损伤道路而设。

为了改变这种状况，庆长十六年，角仓了以的高濑川运河工程开工，庆长十九年完成。这条运河川流贺茂川西与河原町，从起点在二条的"一之舟入"码头到伏见为止，河宽约7.2米、10公里长，贯通伏见到宇治川的水路。作家森鸥外有一篇名作《高濑舟》，小说里边描写当时人们抱着各种想法乘坐高濑舟来来往往，京都和其他地方的物资也靠高濑舟运输。据说这个工程所需要购买的水域土地、年贡税金总额等共七万五千两银子都由角仓自掏腰包。宝永七年（1710年）左右，共有188艘船下水航行，从下游上行到京都二条的船票价格需要十四钱八分银子，从京都下行则收费七钱银子，角仓一年大约有一万两银的收益，每年给幕府交税200枚银。

其子角仓素庵得到本阿弥光悦的协助，刊行了以古典、谣本为主的角仓本（嵯峨本）书籍，与光悦一起成为"洛下三笔"的书法家，在文化上做出很大贡献。

金、银座与升座

笔者认为京都历史上作为首都在日本经济发展中起过重要的作用，作为经济支柱的货币、度量衡器都是在京都制造的更能说明这一点。

就货币而言，早期虽已不可查，但江户时代货币椭圆形大判（10 两 165 克）是后藤德乘铸造的，他继承了室町时期镂金家后藤祐乘技术；而小判（一两金币）是金币制造作坊小判座的匠人制造的。根据《京都金座人来历书》记载，相关工匠过去曾生活在堺、大阪、伏见，庆长年间都集中到京都，居住在两替町。元禄以前，金币制造所设置在姊小路通车屋町（中京区）的后藤庄三郎那里。后藤庄三郎旧姓山崎，是德乘的弟子。银币制造所由末吉勘兵卫和后藤庄三郎负责管理，它由淀屋次郎右卫门等十名年寄构成；庆长六年（1601 年）5 月堺市出身的大黑常在伏见铸造丁银、豆板银等银币，幕府赐予他伏见两替町的房地产。众所周知，银座的末吉是摄津平原的豪门。虽然后来金、银币制造所中心迁移到江户，但前期老铺都在京都。

铜钱方面，初期以中国货币"永乐钱"永乐通宝、洪武通宝为标准，连同日本国内仿制品一起流通。德川幕府造宽永通宝后，日本开始流通国产通货，最初在江户、近江坂本铸造，随后在全日本共八处铸造。坂本地方是比睿山的门前町，也是琵琶湖水运的据点。金、银座从业者固定，铜钱从业者则时常变换。另外，元禄时期获原重秀铸造的新钱（宽永通宝）在七条大街高濑川岸边进行。

德川幕府整顿度量衡与京都业者也大有关系。首先，量米谷的

升采用石高制 [26] 体制里重要的量器，全日本 66 个国分东、西 33 国各自制造通用的升；东部的升由樽藤左卫门家制造，西部的升由山村与助等御用木匠奉命制作。宽永十一年（1634 年），京都的福井作左卫门担任升座负责人。有些藩因为要维持藩经济的独立性，使用藩内通用的升，其种类也很多，比如有收藏时用的升、支付用的升，畿内、西日本通用的升以福井家制作的京升为标准。它与现在的升一样，拿一升规格的升来讲，尺寸为四寸九分见方，深度二寸七分。笔者曾经到福井家调查过古文书写过京升座的论文，福井家在京都市依然生意兴隆。秤也是如此，东部由守随彦太郎掌管，西边则由神善四郎负责，作为重量标准的秤砣是后藤四郎兵卫制造的。

幕府按照自己的方式管理流通的基本要素——货币、量衡器，畿内等地使用的让京都制造。朱砂由幕府指定的具有特权的朱座生产，小田助四郎负责，据说他是德川氏的忍者，从中国学来制法并垄断了朱砂和朱墨的制造、销售，向幕府缴税。

西阵

如果说大阪是以生产棉织物、油等生活必需品，进行铜、铁等金属加工而繁荣起来的工业城市，京都则是克服地处内陆的不利条件，依靠传统和优异的技术寻求生路，将重点放在以西阵丝织品为代表的高级商品的生产上。

西阵这一地名由来已久，起因是应仁之乱期间西军曾在此处布阵。现在只要提起西阵，人们就会想起丝织物和织机。现代日本人们穿和服的机会减少，虽然民众多次担心会出现丝织品危机，但西阵仍然因传统和创造力持续繁荣。走在这一带的街道上，普通住家会出人意料地传出机器声，西阵的生产分成丝、织、染、缝几个工序，业者多和家属一起在自己家里劳动和经营。从这个意义上讲，西阵是以传统和技术为自豪的手工业地区。

前近代前期，日本的生丝需要从中国进口。庆长九年（1604年），江户幕府命令唐船施行丝割符制[27]，力求管制。最初分配额是京都、堺市、长崎各 100 丸（一丸是 50 斤），这个额度是贸易港和京都的织物业都承认的。此外还要给京都的吴服所现丝 60 丸，也就是白丝 3000 斤。吴服所的町人为六名——后藤缝殿助（20 丸）、茶屋四郎次郎、茶屋新四郎、上柳彦兵卫、三嶋屋祐德、龟屋庄兵卫（各 8 丸），这些人都是和幕府关系密切的富商。后来情况有所变化，宽永八年（1631 年）堺增加 20 丸成 120 丸、江户 50 丸、大阪 30 丸、博多 12.5 丸，京都的比重向来都很高。其后规定屡屡变更，明历元年（1655 年），幕府废止丝割符制实行自由贸易；宽文十二年（1672 年）又改为市法货物交易法（一称市法货物买卖制度）；贞享二年（1685 年）丝割符制度重出江湖。这时，京都与丝织业有关的人士为 75 名，经管这方面的官员有年寄四名、中老五名、收支役两名、丝目利[28]役两名、御物端物目利役一名。元禄十年（1697 年），丝割符制度修改后，与幕府关系密切的富商因只能得到限量的现丝备受打击，所以申请转行铸造新铜钱。元禄、宝永年间，他们在七条大街高濑川的沿岸铸造宽永通宝和十文的大铜钱。新钱为 173 万6684 贯文，给幕府交税 22 万 9846 贯左右，是有一些利润的。大铜钱制造方面，他们于宝永五年（1708 年）铸造了 10 万贯，交税就交了 5 万贯，因质量太差市民不爱用，一年后就停止铸造了，连设备投资成本都没能回收。

17 世纪中期，日本国产丝（和丝）的生产跟上来，可以满足京都生产需要了。正德六年（1716 年），京都运进约 13 万斤和丝。元禄二年（1689 年），和丝问屋有 9 家；享保十九年（1734 年），增加到 34 家。和丝的质量逐渐超过进口白丝，在这一过程中，丝割符制度淡出历史舞台。

豪富的诞生与兴衰

十七世纪，随着角仓等富豪的出现，涌现了许多的批发商人，还有一些巨商给大名放高利贷，其间兴衰变动相当大。我们先来看几家吧。

那波屋九郎左卫门在京都是最有钱的豪商，人们叫他"银持"，冈部家、本多家、越后松平等都是搞金融的，其他还有放高利贷的豪富如钱庄兑换所（两替屋）善五郎、井筒屋三郎右卫门等。为了将风险分散，他们互相间发行"枝手形"[29]一起放贷。然而 17 世纪后期大名欠账不还的情况严重，放贷者陷入危机被牵涉的人更多，以至于造成了五十几个金融家一齐破产的严重情况。

当然，成功者也不乏其人。

松坂出身的越后屋——三井高利在京都设采买店、在江户开吴服店，三个都城都开有钱庄兑换所，总店为京都钱庄，管理一切事务。近江商人白木屋——大村彦太郎也将总店放在京都，事业扩展到江户；享保七年（1717 年）大丸的下村家初代正启在伏见的京町八丁目开设吴服店，其后在三个都城以及名古屋等地设分店，元文元年（1736 年），总店设在京都的东洞院舟屋町。毋庸置疑，这就是近代百货商店的起源。

此外还有从近江高岛郡出来的小野家，肥后加藤的家臣后裔的柏屋——柏原家、法衣的千切屋——西村家等。

成功的商家十分重视自己铺子的暖帘（字号，一般都印在铺面门上的布帘上），他们的愿望是让商铺的名号长久传承。为此，有亲缘关系的同族设置的本家、分号或别号的组织应运而生。这样的商家一般都有家训，内容是遵守公仪法度、尊重家名、保持家内和睦、生活规范等。如果当家的行为不端，当然可以给他提意见，为了让家族存续，还可以夺他的权。暖帘印有家纹和商品广告，通常挂在店头，所以人们说"守住暖帘"就是把家业继承下去的意思。同一血缘的族人组成本家、分家或者末家，为的是发展维持以本家为中心的商号。服务多年的伙计（奉公人）会领到相应的退职金，如果独立出去做"别家"，也可以使用本家的字号。别家与本家的关系密切，本家有冠、婚、葬、祭祀的时候，他们往往会跑来帮忙。

同行业的人们成立了同行业行会。江户幕府初期因为有乐座政策的缘故，座即仲间被禁止了，所以除了金座、银座、丝割符仲间等特定的座（仲间）之外，座已经不存在了。出于业者间联络沟通的需求，行会应运而生；享保年以后，幕府为管理需要承认了行会存在。特别是田沼年代（1767—1786 年），幕府要加税，同行业组织因此增加，京都的行会就有 160 种，遍及所有商种、职种。

人口的变化

前近代的日本是都市繁荣的时代，以京都、大阪、江户三都为首，城下町、港町、驿站町等均发展起来，其中三都发展成世界级的大城市。

京都作为三都之一繁荣起来。本来京都就是首都，特别是丰臣秀吉时代又将京都作为政治中心，虽然没有留下人口统计数字，但京都居住着丰臣家的家臣、各地来供职的大名以及大名的武士家臣等，再加上城墙和都市建设所需要的劳动力，人口规模应该很大。鉴于上述新要素，据说当时京都的居民区宅地都扩展到了宇治附近，推测当时人口约有 100 万。

宽永十一年（1634 年），将军德川家光到京都，城市人口有 41 万零 89 人，户数 3 万 7087 户，超过前近代中期京都人口，可见前近代前期繁荣的余波。到宽文五年（1665 年），京都人口减至 35 万 2344 人，后常保持在 34—35 万人。其中只有延宝二年（1674 年），京都突然增加至 40 万 8723 人（据《玉露丛》）。这里仅仅举数字而已，笔者不多做评论。

向日町里上之町的人口动向统计可作为参考，向日町位于京都通向西部的西国街道，是最初的驿站町，分为上、下两町。元和二年（1617 年），上之町住户 197 户，空房子 61 套。此前没有统计，这年正值大阪战役收尾，因为是战争期间，所以街道也不热闹，空房子也增多了。丰臣时期和德川初期因为对房屋需求量增大，这里住满了人，估有 250 户。进入德川时期就不到 200 户了，到 18 世纪甚至减少到 100 户左右。一般来说年代越往后，人口、户数应该增加才对，拿这个町的例子作参考就会知道丰臣时期京都相当繁荣，其后衰退，该变化与前近代中期京都的命运有关。

总之，这个巨大的城市成为日本国内的商业中心，周边地区也得到发展。京都近郊栽培蔬菜，各种物资从各地流通至此。丰臣政权为确保物资充足大下功夫，特别是米、谷的供应，物流运输更加方便。比如从日本海侧的直辖地运来仓储米的时候，有人纪录了敦贺、大津等各地的米价与京都米价，价格是从低到高，从生产地区到消费地区运送的过程形成市场，与此同时也进行着价格管理。当政者使用经济手段形成必然的物流通道，将米、谷输送到畿内来养活城市内的庞大人口。当时京都是日本商业中心，后来大阪继承了这一地位。

节俭度日

17 世纪后半期，曾经的日本经济中心京都地位下降，城市笼罩着阴影。越后屋家长三井高房写的《町人考见录》记载了他本人的玩乐以及大名赖账事件，还记下了当时那波九郎左卫门等京都豪富五十多家没落的事，让子孙引以为戒。竞争或兴衰本为商家常事，但同一城市、同一时期，出现那么多没落之家并不寻常，京都作为日本经济中心地位下降是其背景。

京都本是以首都身份成为日本政治经济中心，但京都地处内陆，并不利于开展经济活动。从物流来看也是很明显的。水运可以大量运输所以是重要的，可是京都距离日本海各地、濑户内海都很远。如前所述从濑户内海到京都要通过淀川，到鸟羽、伏见后，因贺茂川水流湍急不能前行，出现了马借（赶马车的人）、车借（拉板车的）等职业。前近代前期，角仓了以开凿了一条从京都二条到伏见的运河——高濑川，缓解了京都不便的地理条件。此外，日本海沿岸的物产要经过七里半街道从敦贺运到盐津，或经若狭（九里半街道）经小浜到今津，无论走那一条路都要通过琵琶湖水运到大津，从大津运往京都或伏见后再到大阪。这条路线是从日本海沿岸各地到京都距离最近的路线，但必须陆运和水运交替进行，装卸货物也很不方便。从若狭街道还有一条运输线路到朽木谷，通过比良、比睿山系的山麓经八濑、大原到达洛北的朽木街道，山路虽常用但途中有悬崖，运货很困难，明显不适合作为物流运输的固定路线。从丹波到京都，也只有翻山越岭的陆路，角仓了以开凿大堰河连接起龟冈到嵯峨的水路，使得木柴等货物价格下降，刺激京都经济良性发展。

宽文年间（17世纪60年代），西迴航线开通，物资从日本海方面各地经下关进入濑户内海到达大阪。尽管海路绕远，但船运不仅可以大量运输，途中还不需要卸货，这条航线因此发展起来。大阪到江户的东迴航线一经开通，物流自然而然地向大阪集中，大阪就成为日本商业市场的中心，发展成"天下的厨房"。大阪本就控制了摄河泉平原，地处淀川、大和川两条大河的河口与内陆有水运相连，又面朝濑户内海，地理条件远远优于京都。自然，在这个过程中有很多人到大阪去做生意了。早年在寺町松原下的药材商——泉屋住友的第一代政友就其中一位，由于女婿苏我寿济带来了银铜分开提炼的技术，宽永二年就在大阪开了店，精炼铜业务要处理重物运输，大阪是理所当然的选择。其他业种也同样，元禄时期，十几名金融业者（藏元、挂屋）都到大阪去发展了。

此时借用西鹤的话来描述京都，它就是"要节俭度日"（《日本永代藏》）的城市了。西鹤一语道破京都状况，京都在旧有的经济基础上要勤俭持家了。

京都的学术与文学

京都学术界自然是名不虚传，神道、佛教、儒学、荷兰学等各学术领域权威人士齐备，日本各地的著名学者中，很多都在京都接受过教育。

从神道方面看，我们都知道京都吉田神社的吉田兼俱，他提倡的唯一神道主张神道为万物之本，综合了儒、佛、道学说。体现了这种精神的大元宫在吉田山。

前面讲过佛教方面，京都有各宗的总寺院，各自成为信仰和教学的中心。

近世儒学的发展也从京都开始。先有出自下冷泉家的藤原惺窝。永禄四年（1561 年）藤原惺窝生于播磨细河庄庄主家庭，先入龙野的景云寺、继而到京都的相国寺学习佛教，后接触儒学，特别要注意的是，他向朝鲜人姜沆学习朱子学后不久还俗，成为京都儒学的祖师爷，培养了林罗山、松永尺五、堀杏庵、那波活所等人。藤原惺窝曾经被德川家康邀请出仕，但是他坚持拒绝，推荐其门人林罗山出仕。林罗山生于京都四条新町，庆长十年（1605 年）在二条城拜见过德川家康，随后剃发，法号道春到幕府当了御用学者。一直到幕末，林家作为大学头代代相继。惺窝的门下有俳句诗人松永贞德的儿子尺五，松永尺五这一门出了一位木下顺庵，服务于幕府；木下培养了新井白石、室鸠巢、雨森芳洲等学者。广为人知的是新井白石为六代将军家宣的老师、室鸠巢为八代将军吉宗的侍讲（给君主讲课的人）。伊藤仁斋在堀川开设古义堂，由其子东涯继承，他因为对孔子、孟子的古典进行深入研究，所以这个学问被称为古学，私塾的所在地在堀川，所以被称为堀川学派。伊藤仁斋写了《论语古义》《孟子古义》《童子问》等著作，伊藤东涯也写过《制度通》。伊藤仁斋的父亲了室是商家出身，亲属人脉都是京都文化人，母亲是连歌师里村绍巴的孙女、伊藤仁斋的先妻嘉那为尾形光霖的堂姐。

最为符合京都气质的学问是石田梅岩的心学，它立足于神、儒、佛三教，倡导町人生活的实践道德。梅岩是丹波人，在商家当学徒，开拓了石门心学。正如人们称其为"心学讲话"，引用许多譬喻深入浅出地宣讲为人之道，在平民中普及。享保改革过程中，心学因合乎当时的潮流得到发展。京都梅岩的门人有手岛堵庵、著有《鸠翁道话》的柴田鸠翁，以及堵庵的弟子中泽道二，中泽道二还到江户去推广心学。

日本国学方面，京都有契冲的门人今井似闲写过《万叶纬》，被称为国学四大人（荷田春满、贺茂真渊、本居宣长、平田笃胤）之一的荷田春满也在京都。荷田春满生于伏见稻荷的神官羽仓家，给《万叶集》《日本书纪》《令仪解》作注释，也到江户讲学。还有一位国学家是向日町向日神社的社家——六人部是香。

文学方面，松永久秀的孙子松永贞德师从里村绍巴学习连歌，还师从山崎宗鉴学习俳谐连歌，他创造了更加幽默和滑稽的俳谐，门下有北村季吟。

京都医学、本草学也十分兴盛。医学方面最初有曲直濑道三的李朱医学派，相对此派而言，一名叫名古屋玄医的则提倡古医方，形成古医方学派，这个流派出了后藤艮山，还出现了香川修庵、山胁东洋、吉益东洞等传人。山胁东洋在六角的监狱参与犯人的解剖，写有《脏志》。著名产科医生有贺川玄悦，西医（荷兰医学）学派有小石元俊，他从古医方学派转而研究西医，在江户师从杉田玄白、大槻玄泽后回到京都，培养了其子元瑞和海上随鸥（稻村三伯）、日野鼎哉、新宫凉庭等人。

伏见风潮

京都的城市暴乱与其他城市比起来并不多，可能与街道的结构有关系。城市町人运动中重要的一桩是伏见风潮，即天明五年（1785 年）9 月，伏见町人控诉伏见奉行官小堀政方暴政的事件。

这场诉讼得到深草真宗院香山和尚的援助，有志者汇合，由伏见下板桥二丁目的居民头头文殊九助和住在京町北七丁目的丸屋九兵卫两位代表到江户上访，他们二人在江户一桥大屋门前守候，等待寺社奉行官松平资承回家途中告状。此次诉讼不以幕府、小堀政方为直接对象告状，而明确说要追究小堀支配下的奉行所官员恶行。因为他们这个诉讼没有经过正规手续级级上报，而越级上诉是违法的，起诉书被退回、上诉人也被关进江户的监狱，他们再次提出起诉书后当局允许两名上访人年底从江户回京都，翌年正月回到伏见。

据事件发生后编成的书《雨中的鑵子》纪录，诉讼状写有 39 条，加上追诉文一共 52 条，是个大部头。诉状针对小堀家的用人和与力、同心、目明（捕吏）等职务的人告状、还起诉兑换所十五町目的年行事、年寄与手下人等。其内容是，小堀上任以来向富裕阶层收御用金[30]，还课税参府御用金[31]1500 两，每户收 2 钱 5 分，加起来 900 两，剩余的 600 两由富裕人家承担，町人为御用金不免为难；可是另外交了运上金（一种杂税）的平民就可以获得姓氏和批发商股份，此事引起町中哗然。另外还有奉行所官员还设赌场吸引人去赌钱，投标方面的各种不正当行为，公然收取贿赂等，他们控告的就是这些恶政。

前近代初期，小堀家有一位在建筑、造园上颇有造诣，茶道师从古田织部，担任幕府畿内代官的有才远洲——小堀政一（1579—1647），小堀政方呢大概也属于那个家族谱系。他上任后对前任奉行的政治做过些改革，减轻了町人的负担、对伏见的车船也有保护政策。小堀家是近江的大名，在大名里算规格小的，年收入仅为一万石多点，本来家财就窘迫，小堀政方本人沉溺于嗜好、迷恋女色，花销大，同时家中的下人尽做坏事，把这些财政负担都转嫁给伏见的町人。

幕府接了这个案子，让京都町奉行官丸毛政良当主管、伏见奉行官久留岛通祐参与，他们调查过罪状可是久久没有进展，上访者被关进监狱或者让其在上访宿舍等待，其间最初七位原告死了五个。天明七年松平定信当了老中，对这个案子下了批文，内容是"这个案子拖得太久了，立刻到关东来调查明白"，江户再审的结果下达了处罚：没收小堀家领地，由大久保加贺守托管；其子主水贬为平民、家士财满平八郎获死罪等。给原告町人的通知是"何之御构无之旨"（意思是几许怠慢得很），诉讼以町人得胜结束。官司打了四年，所有的原告都去世了。

町代改义一件

前近代的京都，由惣年寄总管整个城市。这个职位由早就和幕府关系密切的人，比如茶屋四郎次郎这样的大町人担任，幕府中期以后惣年寄就走形式，成为一种掌管礼仪的角色。各町设有町年寄监督町政，这个职位也近乎名誉职务。文化十四年（1817年）7月3日，上艮组釜之座的町年寄——石黑藤兵卫等人（十二町的十二名町年寄）在东町奉行所起诉了町代的霸道行径。

在各个町，町代（书记）本来是由年寄领导的办事员，町里出钱雇佣他们来传达公务为町办事，正如文书所表示的：

御公用相勤侯 有关身份御公用之仪 年寄呼寄沙汰致侯

即町代掌权后，作为公事的执行人每逢有事便召集町年寄，将他们呼来唤去。町代在町内有了势力，他们也要干预町人的住房买卖。在上叕组街道，町代的山中仁兵卫没有和组町商量就将荣次收为养子，后来仁兵卫病故，养子荣次继承家业后穿个木屐日常打扮就到组町处来打招呼，町年寄忍无可忍终于提出诉讼。于是组町和町代双方申述意见，文政元年（1818年）10月，诉讼的结果为组町胜诉。

定稿的诉讼状共有20条，现在介绍其中几条。町代守则最初一条是：

公务方面有关诸通告，町代应按照以前的惯例慎重办理，布告要尽快地带到一个町，并以一个町为限。

后面的条款如下：

汇报町人愿望给官署的时候，町代不可拖拖拉拉，要认真去办。

入用银的兑换包一项费用要走正道，不能让人产生异议。

废除购房后必须加上町代的签名、盖章、收调查费的手续。

町代的住宅租金、公务花费都必须向町里说清楚。

町年寄换届的时候，新选上来的人其身份保证文件给官署上交一份即可，不必上交给町代。

告示签名上只写上町代即可，不必加上他的名字。

町代要把自己的宗门帐、住宅转让证书提交给町里。

町的费用要等年寄在场时结算，町代的薪水不能叫作幕府俸禄。

町代不能在自家大门口造式台（地板），也不能在竹竿头高挂灯笼。

在町里收集宗门帐上交官署，町代手头不应该留有副本。

在雇佣小番（下级打杂人员）的时候要向町组（头目）提出申请。

町代去官署时候允许带刀，到头目（组町）那里去不允许带刀。

从以上内容我们能明白，町代是承担政府职责的基层办事员，到官署去要带刀，顺利沟通官署与町内的有关事务如通知、告示、汇报基层愿望等。与此同时，也在町内发挥各种作用，特别是关于购置房屋方面，买房对于町人身份具有重要意义，町代也要调查、签名、画押、还要最后加印章，从某种意义上说他占据了关键位置。很明显这些事务是仅有名誉职务的町年寄处理不了的，不安排一个町代，町政就瘫痪了，町代本来是町里雇佣的人，现在反倒像官吏一样指导町政了，所以才会出问题。

各种文人

京都居民中文人众多，他们参与各种社会活动，《平安人物志》里留下了他们的姓名。该书有多个版本，文化十年版、文政五年版、文政十三年版、天保九年版、嘉永五年版、庆应三年版。纪录的人数各不相同，从 419 名到 830 名，所涉及的领域从学术到艺能，多种多样，显示了京都文化的厚重。

我们从这些文化人中选出具有特色的人物介绍一下。

京都的儒学界有柴野栗山、西山拙斋，他们促进了宽政年间的《异学禁令》[32]；考据学方面有皆川淇园、村濑栲亭、猪饲敬所，还有田能村竹田。晚年在京都度过的宫津藩家老之子海保青陵倡导独特的经世论——把世界视为生意场。

在学术新领域——荷兰学领域，新宫凉庭创设了顺正书院，著有《破家之修缮》、翻译了《穷理外科则》，藤林普山著有《翻译关键》。小石元俊与其子元瑞进行过解剖，稻村三伯（海上随鸥）编写了最初的荷兰语日语字典《波留麻和解》。

在诗文方面，江户时代的诗人开始写清新诗篇或写狂诗文，其中有把自己住家称为铜驼余霞楼的中岛棕隐、以书法闻名的贯名海屋。还有十几名女诗人，其中广为人知的有大田垣莲月、诗人梁川星巌的妻子红兰。

三条大桥的东南桥畔有一座面朝西北跪拜的高山彦九郎铜像。现如今很多人对于他的故事完全陌生，人们看到这个铜像会想："他在干什么呢？"像笔者这样在太平洋战争前接受教育的人来说，倒是很亲切的雕塑。高山是近世中期上野国人，那个时期德川幕府正得势，很少有人提倡尊皇，高山到诸国游说尊皇。据说他来到京都以后，他看见天皇御所的围墙破败，从三条大桥都能看到皇居的灯火，不由得悲从心来，跪拜并流泪不止。那座铜像是二战前在崇拜皇室的氛围中根据传说故事建造的。据说高山因为尊号事件自杀，"尊号事件"即光格天皇要赠予其父闲院宫典天皇太上皇的尊号，遭到幕府老中松平定信的反对的事件，由此看来高山是一个满怀激情的人。高山属于宽政三奇人之一，另外两位奇人是蒲生君平和林子平，蒲生君平进行过皇陵调查，写过《山陵志》；林子平主张海防的必要，写过《海国兵谈》。

"宝历事件"（1758 年）为越后人竹内式部因讲公家的大义名分被幕府处罚，自那时起，在批判幕府的过程中提倡尊崇天皇家，尊皇论就兴盛起来了。后来，撰写《日本外史》的江户时代历史学家赖山阳从安艺的竹原迁居京都，他在京都的家"山紫水明处"就在贺茂川河边，其故居现今仍存。

幕末，京都成为政局中心，诸国的尊皇攘夷志士都来到京都活动，留下诸多历史名迹。比如有土佐乡居武士坂本龙马和中冈慎太郎，他们为萨摩、长州同盟鞠躬尽瘁，实现"大政奉还"，庆应三年（1867 年）被驻扎京都的幕府警备队征讨遇难，遇难地河原町大街的近江屋遗迹立有碑石。伏见的船宿寺田屋发生过两起事件，一是文久二年（1862 年），尊王攘夷激烈派的萨摩藩士——有马新七等人遭到岛津久光讨伐的；一是庆应二年（1866 年），坂本龙马被幕府官方袭击负伤。现在寺田屋附近东边留有旧迹，"萨摩殉难九烈士之墓"。

参拜伊势神宫的"御荫诣"

前近代参拜伊势神宫的活动有点类似现今的成人节，近代也继承了这个传统。其中宝永二年（1705 年）、明和八年（1771 年）、文政十三年（1830 年）发生过集体大参拜，被称作保佑（御荫）参拜或是溜走参拜[33]。

明和年间从京都宇治开始了保佑参拜，文政年间的那次则从德岛开始，其范围从畿内、东海波及中部、四国、九州，参加人员推测有数百万（最高 500 万）。当年日本列岛人口总数推测有 2000 万左右，参拜人数占了人口的四分之一，可以说是规模很大的群众运动。人们还窃窃私语传颂瑞兆，传说有神符从天而降，还有的说鸽子叼着驱邪的神符来了。

《浮世的实况》一书是这样描写文政年的那次伊势参拜的：

> 京都从闰月十日就开始热闹了，集体参拜伊势宫，施舍也比大阪多。（中略）人们不施舍打扮得体的参拜者，对于衣装不体面的可怜人又施舍过度，据说有人坐施舍来的轿子、马，堂堂地动身;（富人）穿红色的绉绸内衣、兜裆布、还裹住十几岁小姑娘穿的长袖和服，用吊桶绳子当腰带，他们专关照老人、选择盘缠不够的困难户对其施舍，大方地给予照顾。

富裕的人讲究地穿红色绉绸的衣服，穷人、町家的伙计日常打扮就去了，当时根本没机会旅行的阶层瞅准这个好机会，沿途接受施舍去参拜伊势神宫。幕府对于这种大众行动十分警戒，将其视为无视统治权威的行为。实际上，文政十年天保饥馑之后，就禁止了流行的稻荷丰年舞蹈，自伊势神宫参拜变成大规模活动以后，幕府无力再制止，只能默许。当然，当时有传说，"如果妨碍大家参拜会有神来惩罚的"，所以参拜旅行虽然影响商户赚钱，东家看到伙计去参拜，也只好允许了。

这些行动就像颠覆城市一般，它与直接推翻统治阶级、富豪的暴动不同，又谈不上一场政治批判，在封建社会里它是一股希冀改换世道的暗流，正如男子穿红色绉绸或裹着小姑娘穿的和服，以奇装异服地来参拜旅行一样，被日常规矩束缚的人们通过参拜旅行获得刹那间的解放感。

笔者想起了太平洋战争以后，尽管日本战败、处于美军的占领下，然而大阪等城市大街上盛行广场舞活动。我想那是因为长期的战争使人们压抑，跳舞可以获得一种解放感，这样的社会现象好像是会不断重复发生的。

幕末的天下大乱

尊皇攘夷运动

幕末政局风云变幻，以往被幕府压制的朝廷还不是一种政治力量，在尊皇攘夷运动中，朝廷成为对抗幕府政治运动的核心浮出水面，为此京都成了政局的中心。阻挡尊皇潮流的幕府与所谓勤皇

（保皇）的志士们之间反复进行政治较量。

在这个过程中，幕府为了加深与朝廷关系提出让孝明天皇妹妹和宫下嫁将军家茂。因和宫原先与有栖川宫炽仁亲王有婚约，天皇最初拒绝了，但经不住幕府再三请求敕许了。这时天皇与幕府才有了实行攘夷的约定。文久元年（1861年）和宫下嫁到了江户。由此幕府和天皇的朝廷关系加深了，其结果是幕府承认朝廷优势，更在外交上有了问题。

1861年2月，幕府老中安藤信正在坂下门外受到流浪武士的袭击，朝廷也革去主张"公武合体"的公家人士久我建通、千种有文、岩仓具视等的职务。如上所示，攘夷运动方兴未艾，1861年7月九条家的岛田左近被志士暗杀枭首之后，到处都有对贸易商人实行的天诛暗杀行动。其中甚至有一些类似儿戏的行为，如把等持院摆放的足利将军三代的木像偷出来示众等。被任命为京都守护职的会津藩主松平荣保决定管束这样的志士，幕府也派了浪士队，其中有近藤勇、土方岁三结成"新撰组"[34]，还有旗本（将军直属家臣）组成的警备队来维持京都治安。

尊皇攘夷运动的中心最初在长州藩，文久三年，京都守护职——会津藩主松平荣保与萨摩藩一起从朝廷驱逐了公家的激进派，把长州藩的势力赶下台。长州藩武士陪着三条实美等七名公家逃离京都回到地方（七卿败退）。翌年，他们起兵又攻上京都，遇到会津、萨摩两藩的藩兵防守，再次败退。双方曾在御所附近发生激战，特别是西乡隆盛所率领的萨摩藩武士死守御所的"蛤门之战"广为人知，史称禁门之变[35]。据说此时流弹在御所内乱飞，女官慌乱，尚年幼的明治天皇也受到刺激。因为这场战斗，京都的街市起了大火，火势烧到御所的南部，俗称"咚咚烧"。

和长州藩武士共同行动的久留米藩武士十七人在摄津山城境的天王山准备再次起兵，未能成功便在这里集体自杀。现在天王山还有"十七烈士之墓"。会津藩追兵在此处放火，大山崎城也遭了灾。

大政奉还

元治元年（1864年），幕府命令诸侯征讨长州藩。正在此时，因为先前受日本炮击，英、法、美、荷兰四国舰队炮击下关作为报复。长州藩受内外夹攻被降服了，三位家老自杀。困难之下，高杉晋作领导下的奇兵队奋起，庆应元年（1865年）统一了藩里的意见，实行了军政改革。庆应二年6月，幕府请纪伊藩主德川茂担当讨伐长州的先锋总督第二次出兵长州，但是长州与萨摩秘密结成了同盟，而且长州藩兵的军备齐全，幕府军在各地都败给长州藩兵，庆应三年幕府就收兵了。

庆应二年4月，幕府向大阪的富商征集252万5千两的巨额御用金，由此大阪市场萧条。这几年各地农民发起起义，五月西宫、大阪、江户等城市都有破坏行动。

庆应三年8月28日，京都传说伊势外宫的护身符从天而降，群众乱舞。男扮女装、女扮男装，口中念念有词：

> 不是很好吗，不是很好吗？在臭烘烘的东西上糊纸，纸破了，再糊一层。不是很好吗，不是很好吗？

民众边嚷边跳舞。市中家家户户制作一些祭礼用的装饰物。

时代变迁之前，民众的解放感和不安大概是以这种形式表现出来的。

在混乱之中，政局也开始变动。庆应二年7月，年纪轻轻的将军家茂21岁在大阪城逝世，德川庆喜就任十五代将军。庆喜是水户德川斋昭的第七个儿子，过继到一桥家，因为将军继嗣问题被迫隐居，文久二年（1862年）7月又一次到一桥家继承家业，担任将军的监护人。其后他在京都活跃，参与朝议、担任大内守卫总督，进行过条约敕许和长州征讨，因家茂逝世上任将军。可是第二次出兵长州的战况不佳，又加上年末孝明天皇急病驾崩。孝明天皇是主张攘夷也谋求公武合体，他的死对幕府来讲是沉重打击，有传闻说他是被毒杀的。

庆喜听取了法国公使罗素的意见进行幕政改革，庆应三年10月实行了"大政奉还"。这一来躲开讨伐幕府派的矛头，创设了新的公议政体，德川家在这个方案上作为第一个签名人，想办法保存实力。

对此，萨摩藩等发动了王政复古政变，掌握了朝廷的权力，庆喜见状移住大阪城。庆应四年正月二日，幕府军高举讨伐萨摩藩的旗帜向京都出发，与迎击的萨摩、长州藩兵在京都南郊的鸟羽、伏见开战。这次战斗中具有新式装备的萨摩、长州方面胜利，幕府明显衰败了。其后，德川庆喜乘坐军舰开阳丸秘密地从大阪回到江户，幕府军气焰也嚣张不起来，畿内获得安定。朝廷命有栖川宫炽仁亲王当东征大总督建立了讨伐幕府的军队，他们几乎没有受到幕府官军的抵抗就到达江户。山科过去一直有招募在乡武士来侍奉大禁的传统，新组成的山科队在京都各处担任警备，山科队属于东山道平定队，也参加了东征。

　　庆喜闭门索居，西乡隆盛与胜海舟通过谈判实现了江户城的"无血开城"，幕府倒台。其后，一部分幕府臣子在上野的宽永寺固守战斗、会津藩等抵抗，幕府方面被穷追猛打，最后一仗是在幕府武将榎本武扬据守的北海道松前的五稜郭打的，此后维新的天下大乱告终。

1　免除城下町的市场税，废除座商人的特权，称为乐市；进一步废除座本身则称为乐座。也就是说，乐市政策下的座依然被允许存在，虽然已经失去特权，而乐座时期已经对座持消灭态度。不过无论是乐市还是乐座都是打压座而扶植自由工商业者，原来大名对经营的垄断权被废除，商人自由经营的权利得到承认。"乐事乐座"是日本安土桃山时期的一项政策。

2　秀吉寻求成为源氏的机会，与卸任的地15代将军足利义昭商议成为其"犹子"（不是养子而是名义上的儿子），但是义昭拒绝了秀吉的要求。

3　江户时代日本的生丝进口方式。江户幕府给予特定的商人集团（丝割符仲间）占有垄断的进口权和给国内商人垄断性批发权。也叫白丝割符。

4　详见胁田修《大阪时代与秀吉》小学馆。

5　率分是从平安时代开始地方未向中央上交的租税或诸国储蓄的租税不足部分由国司按照一定比例填补的制度，9世纪以后，面对中央和地方巨大的财政危机用国司的负担来回避破绽。

6　京都的御土居为丰臣秀吉所建立。其目的为防御外敌入侵及阻挡鸭川泛滥，同时也起到分割洛中、洛外的作用。营造的环绕京都的土垒，与外侧的护城河一起叫作御土居。建造的时候的各种文献种有"京迴堤""新堤""洛中惣防御设施"等叫法。与聚乐第、寺町、天正改造街市的规划一起称为改造京都的事业之一。现存的部分被指定为京都史迹。

7　1间为1.81818182米。

8　都市计划又称为天正地割。1590年丰臣秀吉在京都南北方向的街道中间加入新的街道建设，在过去空地的地方加入新的町。这是建设聚乐第和建设御土居、把寺院集中到寺町的京都改造事业的一环。由于这个新的计划京都的道路以南北120米东西60米的间隔区划城长方形直至现在。

9　下水道则需要城市计划。京都的地形北高南低，在城内柱背面切开小口用管道来排生活用水，这种排水叫作"太阁背脊排水"。

10　今千叶县的中央部。

11　中浜万次郎（1827—1898），幕末到明治的语言学家。生长在土佐国渔家，是次子。1841年打鱼过程中遭海难漂流被美国船救助，被带到美国受教育。1851年归国服务于土佐藩进而服务于幕府。翻译、航海、测量、教授英语，后为开成学校教授。

12　日本中世纪艺能的一种，室町后期，小名幸若丸的艺人桃井直诠采用声明、平曲（平家琵琶）等曲节创始的声乐曲。是广义的曲舞之一种。其特色是说唱故事主要以武士世界为素材。演员穿戴黑色的帽子和直垂（武士的礼服），和着鼓点歌唱，在进入在勇壮情节后歌者开始起舞。脚本称为"舞之本"，共通题材有《平家物语》《义经记》《曾我物语》等。现在这种艺术仅存于福冈县山门郡濑高町大江地方。

13　狂言的传书大藏虎明著，万治三年（1660年）完成，该书的"狂言昔语"根据先人的教导介绍了狂言的特质、演技心得，还有"狂言昔语抄"是他对各项条目加的自注。也有的残本没有自注部分。

14　将军足利氏家臣一色秀胜的次子，天正元年时发起信长包围网的将军足利义昭被织田信长击败而遭到放逐的命运，在足利幕府随着历史的洪流被淹没后，作为足利家臣的一色秀胜由于并无过人之才而未被信长起用。将次子送往南禅寺拜在名僧玄圃灵三的门下，法名以心崇传。庆长十七年，以心崇传奉德川家康之命协助京都所司代板仓胜重一同担当宗教行政事务。庆长十八年，以心崇传替江户幕府撰写了传教士放逐令，并起草幕府对于天皇的本分、五摄家以及三公的西祠之任命和罢免，以及改元、刑罚、寺院僧侣的职位升调等对朝廷和朝臣直接限制共十七条的禁中并公家诸法度和专门管理寺院的寺院法度，为了统辖众诸侯而公布对筑城、婚姻、参勤交代、早川、关所等详加规定的武家诸法度，以心崇传制定的这些法令为后来江户幕府能有效管理全日本做出莫大的贡献，与天台宗大僧正南光坊天海并列，同被世人称作黑衣宰相。

15 法轮寺的主佛虚空藏菩萨，自古以来被人们亲切地称为嵯峨的虚空藏桑（桑是亲切的叫法），以赐予人们智慧和福德而广为人知。"虚空藏"代表无尽天空般广阔的宝库。

16 日本古代重要建筑每隔20年要重建一次。

17 江户幕府确定它与天皇公家关系的法例。

18 近世初期古活字本。得到京都嵯峨的富商、角仓家本阿弥光悦等人的协助出版。一称角仓本、光悦本。

19 漆器的一种。在木模型上贴多重纸然后脱模具涂漆的工艺品。主要用来制造茶道具。是江户初期飞来一闲创始的。

20 自宽永十四年（1637年）岛原天草一揆爆发，宽永十五年（1638年）终结。江户时代初期日本史上最大规模的一揆、幕末以前最后的真正的内战。岛原天草之乱乃是对幕府和诸藩横征暴敛，以及迫害宗教信仰的大反抗，但它的失败也促成了幕府的锁国体制的最终完成。

21 角屋，原指位于路口的拐角处、两面临街的房屋。岛原角屋接待文化美术馆是扬屋建筑唯一的遗址。扬屋是江户时期缫宴、招宴宾客之处亦可召叫艺伎招待宾客的场所。昭和二十七年（1952年）被指定为日本重要文化财产，1998年公开展示。

22 净琉璃《假名手本忠臣藏》等登场人物。以实在的赤穗藩的家老大石内藏助为原型虚构。

23 原文后背地，德文 Hinter land 一般指港口背后的土地与进出港口的物
资需求供给关系密切的地域。

24 这是一条人工河，在中京区的木屋町通二条下游附近开始分流，形成
鸭川支流，与鸭川平行向南流淌，在中京下京南区陶化桥附近注入鸭
川，于东山区福稻再次分流，流经伏见区，最后注入宇治川。高濑川
全长 10 公里，河宽 7 公尺，是角仓了以 1611 年开凿的。高濑川繁荣
了京都至伏见的水运。高濑川源头的木屋町二条称为"一之舟入"。

25 中世纪赶大车进行运输的业者，在鸟羽到京都特别发达。

26 石高制是日本战国时期不按面积而按法定标准收获量来表示封地或农
民持有份地的标准。石是容积单位，一石等于十斗、等于 100 升、等
于 1000 合。高在这里是指数量。

27 江户时代外国船贩卖来的进口生丝由堺、京都、长崎、江户、大阪的
特定商人（丝割符仲间）一揽子购入的制度。

28 1673 年日本在长崎制定市法商卖的贸易政策的同时，设置了一种由专
家判断进口物资价格的职务叫目利。

29 是一种票据，枝是相对于本来说的，数名商人出资的时候从负责人
（也就是从整体的名义人）那里向各个金主递交的票据。

30 江户时代幕府、诸藩为了弥补财政的窘迫临时向御用商人等课的金钱。

31 大名到江户去参勤或去江户出差时候临时收的税。

32 1790 年制定《异学禁令》，重申朱子学为正学，朱子学以外的"异学"
一律禁止。

33 参拜的时候可以不经父母或者东家的许可，溜出家门去伊势神宫参拜。
江户时代很流行。习惯上就是回来也不许惩罚。

34 1863 年江户幕府集中了武艺高强的芹泽鸭、近藤勇、土方岁三等浪人

组成警卫队。他们是属于京都守护职业，目的是镇压反幕府势力的。

35　1864 年 8 月 20 日发生在日本京都的武力冲突事件，又被称为蛤御门
　　之变。

第六章

近代以后的京都

走向近代京都之路

京都的近代化波及多个方面，首先谈一下政治动向。

明治二年，皇室东迁对京都的影响很大。自平安京以来，京都以千年之都引以为豪，京都人情感上无法接受皇室东迁。皇室东迁的直接影响是城市人口减少，近世后期京都人口有 35 万左右。明治五年，洛中、洛外总户数为 6 万 7211 户，人口为 24 万 4883 人，到了明治六年更是减少了 1 万 8000 人。

明治政府的要人认为，不被过去的惯例所束缚，将皇居从京都迁出乃是让人心焕然一新的办法，是建立有希望的新政权、展望未来所必须采取的措施。当年大久保利通曾建议迁都大阪，最终迁都江户并将其改称为东京，由此也有人将京都称为西京。1868 年 3 月，明治天皇行幸大阪，十月逗留江户城，又一度回到京都，1869 年 3 月出发到东京。京都的町民知道这意味着正式迁都，吵嚷不止；同年 9 月，京都民众在御所石药师门前竖起町组旗帜举行集会，反对皇后东行。10 月 5 日，皇后也去了东京。

1870 年 3 月，官家按照惯例免除洛中的地租，不久后，在重新审视前近代各种权利的过程中又遭到撤销。虽然因首都东迁，京都受到不少影响，但是也重新出发，在近代化的大道上阔步前行。首先，行政上设置了京都取缔役所，即京都法院，1868 年 4 月 29 日（应庆四年）城市更名，改称京都府。京都法院总督为万里小路博房、第一代京都府知事为长谷信笃，后任又有槇村正直、北垣国道，他们都出台了许多施政方针。槇村正直为长州藩士，明治元年到京都府，任权大参事；明治十年，任京都府知事，任期四年。这期间，京都府劝业方沿袭会计官商法司的做法鼓励殖产兴业，政府同时发放劝业基金贷款，共十万两产业基金。这笔基金活用到茶、楮（和纸原料）、棉花的农业生产和织物、陶器等制品的改良上，并开设了养蚕场、丝织厂、畜牧场、制鞋厂、制纸厂、铁器制造厂、女红工厂、栽培实验场等。西阵派遣了三名优秀的职工到法国里昂研究织布技术、进口了提花机；印染方面也接受了化学染料的染色法指导。清水烧[1]受到德国的化学家哥特弗利德·瓦格纳技术上的影响，传统产业有了近代化的发展。槇村开设京都劝业场推进殖产兴业政策，组织博览公司到各处组织博览会；整备学校、博物馆、医院等公共设施。为了管理城市治安，在京都府成立的同时，设立府兵平安队。明治二年，废止府兵制转成警卫，改称逻卒或番人，明治八年称为巡警。

第三代知事北垣国道是但马出身的在乡武士，参加过生野之变[2]维新后担当过鸟取县的少参事，也曾任高知、德岛的县令，后成为京都府知事。他肯定了商工会议所的设立，特别起用了青年工程师田边朔郎开凿琵琶湖水道用于发电和运输，明治二十四年设立蹴上发电所给西阵和市内供电。因为有电力作为动力，明治二十八年，日本最初的有轨电车在京都市街道上行驶了。这一年正值京都平安奠都1100周年，市内举行了庆祝活动，创设平安神宫。

明治二十二年，京都和东京、大阪一起实行了市制[3]，因为市制特例，知事执行市长的职务，所以北垣成为第一位市长。随后举行了市议员选举，凡年满25岁、缴纳国税二元以上者或是缴纳地租者都有选举权。经过激烈的选举运动，42 名议员当选。议员里中立派的公民会派占多数，没有来自立宪政友会等政党的人当选。京都选出的众议院议员中也可以看出这种倾向。

　　1900 年 9 月，市制特例废除，内贵甚三郎成为第一代民选市长。内贵是吴服（和服）批发商钱清的长子，任市议会议员，他为京都财界作出了很大贡献。

町组和教育

　　町组是京都町人生活的核心，明治维新使它发生了变化。庆应末期，废止了町代、杂色，上京、下京设置三个重要的职务进行管理。町代原本作为各町组头目的二掌柜负责发告示、跑腿，服务于町组。明治以后，那些在町会所上班并兼当梳头师傅的町代消失了。

　　1868 年 6 月，各町另外选三名议事者负责回应京都府的咨询并组成町组的协议机关，其中一名是町年寄、两名相当于町内惣代（町内共同体代表），由町内招标来选。这个制度实行不过一年多，1869 年 7 月即废止。

　　1869 年 3 月，制定了《市中制法》和"五人帮"条款，町组的编成与过去产生变化，再没有老街、枝町、新街等等级区分，各个町地位平等；上京有 45 个番组（番众的组）、下京有 41 个番组，选举了千田忠八郎等七名大年寄做知事，取代先前设立的三役，在每组中以招标的形式公选中年寄和添年寄。明治二年，以三条大路为界，改为上京 33 个番组（学区）、下京 32 个番组（学区）。过去番组（学区）所管辖的街道，多的多，少的少。上京的番组多的管 38 条街道，少的管 11 条街道；下京的番组多的管 37 条街道，少的管 14 条街道；岛原城内六条街，番组所管辖的街道数量更少，管理数量有很大的差距（后来改为平均一个学区 26~27 个街道）。因为这些改变，旧町组所属的街道忽聚忽散，市政以改组后的番组（学区）为基础展开。京都府下传指示，町组内应设立会所，提供会场和建立京都府工作人员出差的出张所、府兵的宿舍等。

明治政府为了实现近代化很重视教育，要求在町组会所设立小学校。为此，既有献金，也有町组挨家挨户去集资，不过最终建设运营的费用都由京都府拨款。拨款的一半无偿，另外一半则是无息贷款，需在十年期限内以缴税的形式来偿还，到明治五年免除偿还责任。政府还分两次给各校发放玄米 50 石，学校可以卖米筹措基金。当时竟然还有人将开办小学作为公司经营以牟利，到明治十九年左右这种现象才几乎绝迹。

小学教育方面，小学共分五个等级，从五级等到一级等各具特色，教科有句读、朗诵、习字、算数。句读学习儒学古典，如《孝经》《论语》《孟子》，市中制法、万国公法，《西洋事情》（福泽谕吉）、《日本外史》（赖山阳），教学内容可以说是新旧思想之混合。京都府还让担任大年寄的熊谷直孝等人撰写《京都六十四校记》汇报，记载当时教育的实际状态。福泽谕吉视察京都，写下了《京都学校记》，介绍了当时的教育现状并称赞了京都的教育；因为各个町组的努力，教育得到极大普及。当然，当时的家长都期待孩子帮助家里干活赚钱，而上学的学费则是支出，所以不上学的儿童也很多。据统计，即使到了明治三十一年末，100 个儿童中未就学人数

第六章　近代以后的京都

257

为男 23 名、女 32 名。明治时期的社会风气依旧是认为女子无才便是德，女孩子多不上学，为此政府开办了夜校。明治八年，京都开展对盲人、聋哑人的教育，待贤小学的古河太四郎开办听障、视障者的教学场所。另外，照宇和岛的士族远山宪美建议，京都府建立了盲哑院。盲哑院最初为府立，后改成市立，除教员等的劳务费外全靠捐赠，经费始终有困难。到了大正时期，京都市财政充裕，盲哑院的经费状况才好转。

幼儿教育方面，明治八年，柳池小学成立幼稚游戏场，但很快歇业直到明治十年代末至二十年代，才有真正意义上的幼稚园。这时，幼儿至儿童的教育体制已近完备。

教育的开展

明治三年，京都府建立了京都府中学，因与文部省的学制有所摩擦，所以被当作"临时中学"；明治六年，改为"小学毕业生管理所"。京都施行的中等教育有"欧学舍"，聘请德、英、法等外国教师；还有"立生学校"，以和、汉学为主；另新设笔算局，以数学教学为主。其后，欧学方面关闭了法文学校，德文学校成为医学预科学校。明治九年，新设师范学校培养教师，虽然有一些变动，但是英文学校、立生学校、数学学校等都是专门进行男子中等教育的临时中学，后成为京都中学。明治十九年，京都政府接受商工会议所的建议，还成立了京都商业学校。

女子教育方面，明治五年成立府立新英学校，后来发展成京都府立女校、京都府立高等女学校；明治十年，新岛襄创设同志社分校女红场，不久改称同志社女校，这种以教授裁缝等家政教育的女红场在各地开花。明治三十五年，增设女子初中、女子高中；明治四十一年，京都市创办女子高中；大正十一年（1922年），又增设第二女子高中。

明治九年，为培养师资建立师范学校，师范生每月有3元50钱的补助金，由市内小学的学区负担，师范学生毕业后的头三年要在学区内的小学定向服务。从明治十五年起，京都府女校也开办师范班培养女教员，后并入师范学校。

宗教系统办学是京都的特色。明治八年，净土真宗东本愿寺系统创办了京都中学（现大谷初、高中）；明治34年，建立京都淑女高中。明治四十年，西本愿寺系统建立京都女子高中、明治四十三年，建立平安中学。明治三十七年，净土宗知恩院系统建立家政裁缝女子学校；明治三十九年，建立东山中学；明治44年，建立华顶女子学院。大正十年，日莲宗本坊寺系统建立明德女子学校。明治八年，基督教系统建立同志社英语学校，后来以此为基础发展成大学；明治二十八年，日本圣公会创办平安女子学院；明治三十八年，神道系统中的皇典讲究所创办精华女子学院。其他还有京都高等手工女校、菊花女子高中、京都成安技艺女子学校。

京都是工艺美术之都，与此称号相符，京都府于明治十三年在画家田能村小虎等人的建议下创建绘画学校，后移交京都市管理，改为京都市美术学校（京都市工艺美术学校）。京都绘画专门学校的第一批毕业生人才辈出，有入江波光、榊原紫峰、小野竹乔、村上华岳、土田麦僊等优秀的近代画家；大正七年，京都请来导师中井宗太郎作顾问，组成国画创作协会与政府主办的文展对抗。

在悠久文化传统的基础上，京都成为学问之都。明治政府当时的顶层设计，是否是想让大阪成为经济产业城市、京都成为教育文化都市呢？明治政府将大阪的学校和舍密局⁴迁至京都，改办旧制第三高中；明治三十年，该校首创理工科学院，明治三十二年又创立法学院，利用第三高中的校舍组建京都帝国大学。明治三十九年，相继设立了哲学、史学、文学等隶属人文学院的学科。京都帝国大学与东部的东京帝国大学对应，成为西部学问之翘楚，以它独特的学风为豪。大阪建立起大阪高等商业大学（现大阪市立大学），到了大正时期才兴办大阪高中。昭和六年，在大阪人请愿运动的压力下，文部省创办大阪帝国大学，但是仅有理、医、工三科，没有文科，而且比京都晚了许多年。

宗教界的动摇

明治政府的宗教政策是神佛分离（废佛毁释）和日本国家神道，这些政策对宗教界的影响很大。自平安时代以来，日本实行神佛调和，比如神道教天照大神是本地佛大日如来或八幡大菩萨，佛教盛行时期的观念是先有本地佛，经佛陀垂迹⁵成为日本的神。可是前近代中期，随着日本国学的发展，特别是平田笃胤复古神道学说的广泛影响，他批判神佛调和、提倡惟神道，隶属这一派别的还有京都南郊向日神社的神职人员，六人部是香等。唯神道派人士进入明治政府后宣传祭祀应与政治目的一致，重新启用神祇官，让神职者参与政治大事等。当局命令神社里作佛教僧人打扮的别当和神社的僧人还俗，最后发布了"神佛分离令"，把神社中的佛教色彩扫除干净。再进一步，就发展到废佛毁释的行动，佛教界受到极大影响。

八坂神社不再是从属于延历寺的分社，祇园社感神院也改称八坂神社，爱宕山丢弃本地佛胜军地藏，从爱宕大权限变为爱宕神社。北野天满宫改为北野神社，根据天台座主尊意所传的说法，菅原道真的骨殖为"御襟悬守护的佛舍利"，它曾经被安置在本殿内本尊所在的地方，此次也被转移到山国（京北町）的常照皇寺，各个神社都采取措施、做出调整。

随后，政府着手瓦解寺社的经济基础。当局实行"版籍奉还"，与大名或武士要把家禄交给明治政府一样，政府命令寺院将其所拥有土地上交（除境内土地外），后来，连寺院境内的林子也被充公。经此，有实力的社寺大为折损，比如清水寺原先占有土地 15 万 6463 坪，后减少为一万 3887 坪，寺庙拥有的土地连原先的 1/10 都不到。许多寺院成为废寺，明治九年，京都府批准的废寺（包括京都和伏见）有 59 座，政府还在建仁寺荒废的土地上修建花公馆。明治四年，由于当局下达废止普化宗的命令，虚无僧寺——明暗寺成为废寺，修验宗也被废止，其总寺院的醍醐寺三宝院和圣护院归于真言宗和天台宗；明治八年，从属于三宝院的 18 所佛寺，圣护院属下的 30 个寺院都被废除，六十六部[6]巡游也遭禁止。

此外，佛教界解除了禁制女性的结界[7]，僧尼可以吃肉，和尚可以娶妻、蓄发。由此，日本现代佛教的雏形基本形成。

政府也因为寺社上交土地的措施避免了急剧的经济变动，从明治五年起，政府把寺院、神社上缴国库费用的一半支付给宗教系统，如果说那时寺院旧领地收入金额的二分之一收入国库的话，明治七年以后实施了递减俸禄制，国家支给社、寺的经费从 50% 减到 10% 左右，明治十七年，停止支给社寺经费。政府采取递减政策，减少对宗教提供的开支。

为破除迷信，政府禁止巫婆、神汉、招魂占卜、闹狐仙、降神等活动[8]，大日堂、地藏堂因造谣惑众，诱导民众进行无益的捐赠，也被取缔。

民间习俗方面，政府禁止新年挂门松，禁止过三月女儿节、五月男儿节和七夕的各种装饰物也被禁止；京都的大文字送神火、六斋念佛、送精灵等活动也被禁止了。可是这些习俗深入人们的生活，其后依然存在，并保留至现代。大文字送神火更是标志着京都夏天风物情怀的仪式，十分热闹。

解放令

正如《诸式留帐》所记，京都是"秽多"[9]产生的源头，自平安时代就有被歧视的贱民。中世纪，贱民作为河原者[①]活跃于造园工程，出现了不少与京都名苑有关的人物。因为近代核实土地、户籍调查等政策，按照居住、职业划分等，形成带有歧视性色彩的身份制，这些贱民被视为社会底层，他们聚集的地方作为被歧视部落（村落）固定下来。

---

① 河原者，即日本社会最底层的贱民，他们只能居住在不宜农耕、容易发生水灾的河岸边。

京都被歧视部落的村落位于天部、六条（后来的七条）、北小路西院村、川崎、莲台野。中世纪以来，以天部、川崎、莲台野的历史最悠久。这些村落中天部村是独立的行政村，其他的都是分支乡，如六条附属于柳原庄、北小路附属于西京村、川崎附属于田中村、莲台野附属于千本迴。户数（人口）方面，正德五年（1715年），三个村的户数如下：六条村180户（自住房84户、租户96户），莲台野村46户（自住房14户，租户32户），北小路村20户（自住房15户、租户5户），六条村最多。再看看六条村的动向，宝永元年（1704年）168户共732人，享保六年（1721年）减少到526人，享保十七年增加到636人，延享元年（1744年）变成959人，短时期内人口的剧烈变动，显示了城市部落的流动性。

贱民从事的产业以皮革加工为主，原料有鹿皮和进口的唐革。十七世纪中期的俳句书《毛吹草》里记载了他们的产品：

> 有天边大鼓（用于六斋念佛、鼠户等）、有诸卸（指小牛皮用于刀鞘未经涂抹胶的底基）（中略）八坂弦、鞋子（出家人用之）。

还记载到：

> 非人之中（信仰）东山非（悲）田院蔺金刚。

此外，部落还会生产竹皮木屐，高温煮动物的皮、腱子、骨头，提炼精细加工用的胶。非人不怎么从事农业劳动，有时出去打工，天部村有记录说他们到冈崎村去干活，得 35 石报酬。

贱民村庄有权在特定场所处理倒毙的牛马，幕府也让他们承担一定的劳役，基本都是与犯罪相关的营生，比如京都的非人所从事的劳役是在粟田口、三条西堤坝的东、西刑场执行死刑、打扫刑场、准备火刑用的柴火、打扫监狱等。宝永五年（1708 年），当局命令他们去管束洛中、洛外的形迹可疑的人。此外他们还负责打扫二条城，管理这项工作的是"秽多"的头人下村氏。据记载，宽永年间下村氏作为第一任头目领受了 120 石的知行职。元禄十三年（1700年）的乡村档案里记载，这个家族第三代——文六的身份为"御庭作（造园师）文六"，这是否可以看作接受中世纪以来的传统，他们家族一直从事造园工作呢？

值得注意的是，随着明治维新政府废除士农工商身份制，莲台野村年寄右卫门主张既然已经"四民平等"，贱民也要与士民一样得到同等对待，于是发起请愿。明治四年八月，明治政府公布《贱民解放令》，废除"秽多、非人"的称呼，重申今后"身份职业等与平民同样"。

可是，尽管四民从法律意义上不再有区别，可是因多年来对"秽多"的歧视，又因解放令下达后政治、经济方面的措施不充分，所以歧视的状况依然继续，一直延续到现代。例如，第一次世界大战期间，物价飞涨。大正七年（1918 年），由于米价高涨，富山发生米骚动[10]，京都竟东七条的柳原抢米店，后来传播到各地，政府甚至派军队出动进行镇压。

1922 年 3 月 3 日，全国水平社创立大会在京都市的冈崎公会堂举行，采纳了"用部落民自身行动来期待绝对解放"纲领。这个纲领是划时代的，也是部落民群体用诉求运动来反歧视、求解放的新篇章。京都选出了南梅吉作中央委员长，本部设在乐只地区南梅吉的家里。他们创立京都府联合会，在各个地方设支部。水平社内部也发生过内讧，在日本军国主义时期又受到残酷镇压，走过一条苦难之路。他们展开了如下运动——反对就业歧视，拒绝东、西本愿寺为他们募捐，对德川一族进行弹劾；与工农运动以及在日朝鲜人被歧视民解放团体"衡平社"合作。战后，日本社会发生了很大的变化，他们组织了部落解放同盟（日本部落解放运动联合会），大大地推动了解放运动，也以京都作为一个中心开展了这些运动。特别是京都早就创立了部落问题研究所，后来更是建立了部落解放研究所，成为日本谋求部落民解放研究的中心。

近年来，日本施行了《同和对策事业特别措施法》《地区改善对策特别措施法》的地区正在重新整合，但仍需努力，才能实现全面消除歧视。

向大京都迈进

近代京都的市区变大了，它是通过数次向近郊扩张形成的。

本来洛中的范围限定在北到鞍马口、南到九条、东至新京极、西到西京极附近。可是 1888 年 6 月，京都市先将粟田口、南禅寺、吉田、冈崎、净土寺、鹿谷、今熊野、清闲寺（左京区）划归己有，又将周围土地合并。昭和六年，京都市的面积已经扩大了十倍，达到 288.65 平方千米，面积相当于现在的上京区、左京区、东山区三个区。其中，东部地区成为文教区，鸭川东部有冈崎动物园，吉田有京都帝国大学和京都第三高中，还建有高等工艺学校、美术工艺学校等。

工业方面，近代京都沿袭初期的殖产兴业，制定了三大公共事业，这是由西乡菊次郎市长主持的、作为"京都市百年大计"三大公共事业——扩修道路、铺设电车、建设上水道，由三井银行斡旋从法国引进外资来实现这几项计划。首先，是开凿琵琶湖第二水渠，建设4000马力的发电站；其次，设置由水渠供水的上水道；再次，扩修乌丸大街、河原町大街、东大路大街、西大路大街、北大路大街、七条大街等主要干线；最后，铺设市营有轨电车，京都就此具备了近代都市的基础设施。1895年3月，京都举行平安神宫的神灵坐镇仪式；4月，召开了第四次国内博览会。

交 通

近代京都市内交通首先使用四轮马车，市内有十几辆，一般出行普及人力车，明治后期人力车达6000辆；昭和初期，随着轿车的普及，人力车减少了数百台；到了大正时期，1924年的京都有轿车536辆。明治36年，合乘汽车（乘合汽车）开始营业，七条为起点经堀川中立卖、祇园石段下为终点，但是不久就终止运营；大正时期，京都合乘汽车股份有限公司重新开展业务，路线自七条大宫至淀；昭和年间，开通公交大巴业务，京阪电铁也开始了乘坐大巴游览京都的业务。明治十年左右，人们开始使用自行车；昭和年间，自行车普及到一般民众。

国铁东海道线是日本全国交通的大动脉，1878 年 12 月，近畿地方首先开通了从神户到京都间的铁路，建了西洋风格的京都火车站。随后 1881 年 7 月修建了鸭川铁桥、开凿了逢坂山隧道，开通了京都到大津间的铁路。1889 年 7 月，东海道线全线贯通东京到神户，一天之内就可以从京都到东京，交通获得划时代的发展。

1915 年 8 月 13 日，为庆祝京都火车站装修完成召开了庆祝会。1950 年 11 月，火车站建筑被烧毁，当前修建的时候客货分开，在梅小路买地建立货运基地，并开始营业。

明治三十二年，日本国营铁路开通了京都到园部的路线，后称山阴线；明治四十三年，该铁路线通到福知山站。不过山阴线起点是京都市内的二条火车站，战后才与京都火车站连接起来。

私营铁路领域，明治三十九年京都到大阪的京阪电车工程始动，完工于明治四十三年，开通了从京都七条到大阪天满的路线。与日本国营铁路东海道线在淀川西侧飞驰相对照，京阪电车在淀川东岸行驶，八幡为终点。东岸沿线人口多，京阪铁路通过京都的街道也有伏见、淀、八幡、枚方、寝屋川、守口等旧旅馆街，它就连接了这些城镇。还有一家大型的私营铁路阪急电铁，以前不能进入京都，战后才可以长驱直入京都市内，它与日本国铁并行在淀川西侧行驶。由此，京都到大阪有三条铁路线，各自竞争、不断增强运力。其后，京阪电车线在大阪一直延伸淀屋桥，甚至到西边堂岛大桥附近；在京都从七条延伸到三条，甚至延至北边的出町柳与叡山电铁相连。阪急线延伸到西院、四条大宫，直至四条河原町。大正元年，京津电车开通了从三条大桥东桥头经山科到大津的路线。虽然这一地区已经有国铁东海道线驶过，但是京津电车沿着旧东海道行驶，方便沿线住民出行。

市内交通方面，京都过去的路面狭窄，轿车、公交大巴、有轨电车通行非常不便。虽然四条、御池、乌丸等主要道路路面已经有所增宽，能够让市营电车运行，但三条大街在河原町以西的路面没有变动。昭和五十三年，市营电车停运，现在御池大街或乌丸大街等街道设有地铁站，其他地区都要靠公交汽车，这些公交大巴或合乘公交车自 1903 年 9 月开始运营。

山本宣治与水谷长三郎

1928 年 2 月，京都进行了第 16 回众议院议员选举，这是首次没有财产资格限制的普通选举。选举诞生了八名无产政党议员，从最左派的劳农党当选出的议员有京都一区的水谷长三郎和二区的山本宣治。水谷出身于伏见的船家，京都大学毕业后成为律师，接过佃户争议等案子，战后作为社会党议员活跃在政坛。山本是宇治的料理铺"花屋敷"的长子，曾经去过加拿大，归国后毕业于东京大学动物学科，成为同志社大学、京都大学的讲师，山本为了减少庶民多子女的烦恼，发起了节育的"产儿限制运动"。当选后次年 3 月，他被右翼七生义团成员刺杀了。被刺杀前一天，山本宣治在大阪召开的全国农民组合大会上演讲，作为革新派议员表达了悲壮的决心，"让山本宣治一人守孤垒吧"，这次讲话为人们所熟知。1931 年 2 月总选举中，劳农党分裂，从劳农大众党推选出来的水谷与劳农党推选出来的河上肇（原京都大学教授）竞争，合计得票数虽增加了，但是两人都未当选，二区的细迫兼光亦落选。河上肇以求道者的态度追求无私的真理，后来作为马克思主义者加入共产党，被捕入狱，留有自传。

遗憾的是，京都人虽然有这些进步运动，但是没能阻止日本走上侵略战争之路。昭和六年日本发起九一八事变，昭和七年发起一·二八事变日本侵略中国，日本已经彻底覆盖上军国色彩。作为无产阶级政党的全国劳农大众党虽然坚守反对帝国主义战争的立场，但孤立无援。1937年的府会议员选举中津司市太郎当选，他反对给驻扎在东北的日军发慰问电，在议会中受到惩罚，此外还被殴打负伤，其后三名全劳党的市议员离党。

战后京都的革新

"二战"后，日本国家体制的变化动摇了保守层的经济基础，民众都十分渴求新生活，政治革新的风潮随之而生。

战后的京都因在火车站前盖了新楼房，引起市民议论，说破坏了古都的景观。像京都这样的大城市要有多种社会活动，自然要有大城市的样子，势必无法原样保存古都风貌，为此必须设计新的城市计划。

作为古都风物的祇园祭、葵祭或者是传统的大文字送神点火活动，这三大祭祀的主办团体和支持活动的群众基础都有很大变动。比如祇园祭中，茅町要组织打头阵的长刀茅队，茅町现在既有居民也有公司，居民一般就是以户为单位的，公司则由总务部门负责。因为居民的搬迁，改变了过去由町内居民支持祭礼的群众基础。町众所支撑的祭礼从基础上就发生了变化，立足于现状最重要的是，要考虑今后如何维持和保护文化遗产。

1 清水烧是京都的陶瓷艺品，由于产自清水寺门前，所以就被称为清水烧。后来附近聚集了许多著名的窑厂，所生产的陶瓷器就统称为京烧或清水烧。

2 1863 年（文久 3 年）尊攘派在但马生野举兵讨幕府的事件。为响应大和"天诛组"举兵，福冈藩士平野国臣等拥戴流亡的七名公卿之一泽宣嘉为首，并有来自长州的奇兵队员参加，在周围地主的支持下动员农兵两千人，于 10 月 12 日占领代官府。幕府下令邻近各藩进攻，泽宣嘉逃出，举兵者分裂，农兵叛离，平野被捕。

3 市制是替换过去的郡区町村编制法，规定日本的市的基本结构的法律。

4 舍密局是明治维新时期为了研究化学技术、教育、劝业的目的建立的官方办的公营机构。

5 本地垂迹说是指佛的法身随时应机的化身（或应身）。本地垂迹，日本神道教的一种理论。佛教把佛的法身（或真身、实身）称为"本"或"本地"，把佛随时应机说法的化身（或应身）称为"迹"或"垂迹"。

6 巡回日本列岛巡礼之一，行脚僧目的是把写好的法华经送到全国 66 个灵场。这样行脚僧就可以游遍全国社寺，开始于镰仓末期，到江户时代连俗人也可以进行这种巡礼了。

7 佛教的灵山不允许女人进入，在山根处有界石。

8 这些巫婆神汉的名称为神子（神社中服务的未婚女子）、巫（男巫女巫）、请神的、市子（舞女）、凭祈祷（神附身）、吓退狐狸的人、算命的、神的代言等。

9 指从前在日本被隔离的游民阶级，秽多、非人是日本的贱民阶层。他们被压在社会的最底层，受尽侮辱，生命也没有保障。

10 1918 年（大正七年），日本爆发了历史上第一次全国性的大暴动。这次革命暴动最初是从渔村妇女抢米开始，各地一般也以抢米形式爆发，所以在日本历史上习惯地称为"米骚动"。

后　记

　　京都号称千年之都。即使后来首都移至东京之后，京都的寺庙、神社的总部、艺术家的宗门和服饰的老铺依然有魅力，其文化传统也是其他都市望尘莫及的。把京都的历史作为故事一一道来相当有难度，可是这个计划很吸引人，所以一经出版部门建议让我们夫妇来完成，我们便跃跃欲试表示接受，但是做起来才发觉担子很重，超出我们想象。

　　半个世纪以来，我们在京都开始了学问之路。开始接触到京都历史是跟随小叶田淳先生上"京都的历史与商业"演习。晴子写了论文《中世纪的祇园祭祀》，刊载在林屋辰三郎主编的《艺能史研究》上，后来扩充成为《中世纪京都与祇园祭祀》一书。修（我）则走访了福井家查看福井家文书，写了论文《京升座》等有关文章。1968年（昭和43年）出版第一卷的《京都的历史》（学艺书林），晴子和修都是执笔者之一。晴子担任平安时期到中世纪末期，修担任织田丰臣时期到幕末的城市和商业部分。现在回想起来，虽然我们那时候还很年轻，但是就已经被委以重任了。其后我们的研究多和京都有关，正因为有以上的因缘才有可能写出这本书来。当然京都历史的研究内容非常丰富，一本书不可能把所有的事物都收罗起来。

晴子很在意"物语"这个书名，打算按照女作者讲京都导游故事的形式来写，修也同样选了认为必要的主题。这样这本书就写成我们所知道的京都、我们感兴趣的京都了。

274

我们结婚以后就住在京都南郊的向日町，自那以后半个世纪的岁月过去了。本书是我们夫妇第一次合写的著作。第一章的概述里从原始到战国是晴子写的，她还写了第二、三、四章；修写了第一章的秀吉时代以后部分以及第五、六章。

关于地图，由同志社大学的锄柄俊夫和同志社女子大学的山田邦和先生分担，让我们分享了考古学研究的成果。

最后，对于促成本书出版的高桥真理子致以深深的感谢！

脇田修
脇田晴子

译后记

　　我认识胁田晴子女士是在 1990 年，当时我在中国社会科学院亚太研究所工作。在申请某基金项目的时候，我看到与我申报相似课题的大阪外国语大学教授胁田晴子的名字，于是给她写了一封信，她也热情地回信了。1992 年，我和其他两位同事出访日本，她特意从京都到大阪的旅馆来看我。大雨淋湿了她的衣裳，让我十分过意不去。她还带了一本她的著作送给我，当时她奔放的性格，豪迈的话语让我久久难忘。

　　其后，我开始和胁田晴子教授有了零星的学术联系。例如，90 年代末日本岛根县有一个历史上有名的石见银矿准备申请世界文化遗产。中国明、清两代和日本曾有过贸易交流，据说明代的银子多来自与日本的贸易，而银子就产于石见银山，胁田晴子委托我请国内经济史方面的专家帮她找明代中日贸易的资料，并让我把找到的材料翻译成日本语。那时胁田夫妇正准备资料帮助银矿申请联合国世界非物质文化遗产，由于他们的努力最后终于申报成功。

　　在申报过程中胁田晴子夫妇率领学生一起去岛根县石见银山实地调研，我也参加了那次调研。给我印象最深的是，日本人对于古代文书保存的精心。当地普通人家里竟也保存了几百年前银矿的大小工头的古代文书。更值得我佩服的是历史学者刻苦的调研精神，由于资料不外借，胁田晴子必须带领研究班的同人在古文书保存者闷热的库房里查看，在酷暑之中用两天时间看完了全部的古文书。对于文献的使用也体现在胁田夫妇合著的《京都两千年》中，该书同样使用大量古文书来呈现日本工匠史。

胁田晴子具有超强的学术能力，是史学界不可忽视的学者，先后在日本农业社会的商业史、城市史研究方面有所建树，还将研究领域拓展至艺能史、被歧视的部落民研究。她还具有学术领头人的素质，20世纪90年代以后，她以女性史学家独特的视角，带领众多学者在女性史领域开展了深入研究。她在历史学界的建树获得了广泛认可，2010年11月3日，胁田晴子女士和其他六人一道获颁日本文化勋章，在皇宫举行了天皇亲授文化勋章的仪式。

胁田晴子大学毕业后与胁田修结婚，丈夫也是史学界的著名学者，同时任大阪历史博物馆馆长，退休后曾任大阪大学名誉教授。他的史学著作等身，这次翻译成中文的《京都两千年》是夫妇二人合著的成果，也是他们对自己的故乡城市所作研究的总结。

夫妇的恩爱和学术上的互相支持在史学界传为美谈。胁田晴子在其大著《日本商业发达史研究》（御茶水书房）的"跋"中写到："谈到私事，这本书的出版得到我的丈夫胁田修的理解和鼓励。"无独有偶，1963年胁田修出版的大著《前近代封建社会的经济结构》的后记中写到："一直鼓励、理解和帮助我的妻子，同时也是我在研究上的同路人，虽然涉及私事，我还是想表示我的敬意。"欧美学者将著作题献给配偶并不鲜见，但日本人却鲜少在著作中如此致意。可以说，晴子能够在学术上获得巨大的成就和丈夫的支持是分不开的。

在学术之外，胁田晴子爱好广泛，从小学习能乐，是资深票友，时常客串演能。在《京都两千年》这本书里有许多历史现象是用能乐的剧情加以例证的，由此可以窥见她在能乐方面的素养。从她70岁退休之际写的一本学术自传《春莺啭之记》书名中也有体现。能乐《难波》的咏梅调中，有黎明听到莺啭的意象，人们说："胁田晴子自传的书名暗喻自己生于春天，喜欢'能乐'，而且是一个爱说的人。"

2017年，惊闻胁田晴子女士去世，随后一年得闻胁田修先生亦辞世，我的心中十分难过。2008年，我们在京都的相见成为最后一面，但她的精神、她的人格却一直悄然地影响着我，而今我特意翻译胁田夫妇合作的这本《京都两千年》，以此作为纪念。

胁田修先生生前对本书的翻译给予了很多建议，然而译者译笔笨拙，难免存在日文理解错误和中文用词不妥之处，还望读者不吝赐教。

陈晖

参考文献

《京都的历史》，全十卷，学艺书林，1968—1976 年

《京都市的地名》，平凡社，1979 年

《京都府的地名》，平凡社，1981 年

《洛中洛外图大观》，小学馆，1987 年

赤井达郎，《京都的美术与艺能——净土到浮世》，京都新闻社，1990 年

赤松俊秀，《京都寺史考》，法藏馆，1972 年

赤松俊秀，《古代中世社会经济史研究》，平乐寺书店，1972 年

秋山国三、仲村研，《京都"町"的研究》，法政大学出版局，1975 年

秋山国三，《近世京都町组发达史——新版公同沿革史》，法政大学出版局，1980 年

纲野善彦，《日本中世的非农业民与天皇》，岩波书店，1984 年

今谷明，《室町幕府解体过程的研究》，岩波书店，1985 年

今谷明，《京都·一五四七年——描述的中世纪城市》，平凡社，1988 年

今谷明，《天文法华之乱——武装的町众》，平凡社，1989 年

今谷明，《战国大名与天皇——室町幕府的解体与王权的逆袭》，讲谈社学术文库，2001 年

植木行宣，《山·鉾·小摊的祭祀——风流的盛行》，白水社，2001 年

上岛有，《京都庄园村落的研究》，塙书房，1970 年

大石雅章，《日本中世纪社会与寺院》，清文堂出版，2004 年

奥野高广，《战国时代的宫廷生活》，续群书类从完成会， 2004 年

小野晃嗣，《日本中世纪商业史的研究》，法政大学出版局，1989 年

河内将芳，《中世纪京都的都市与宗教》，思文阁出版，2006 年

川岛将生，《中世纪京都文化的周边》，思文阁出版，1992 年

河音能平，《中世纪封建社会的首都和农村》，东京大学出版社，1984 年

锻代敏雄，《中世后期的寺院神社与经济》，思文阁出版，1999 年

桑山浩然，《室町幕府的政治与经济》，吉川弘文馆，2006 年

五岛邦治，《京都町共同体成立史的研究》，岩田书院，2004 年

小叶田淳，《中世纪日本·中国交通贸易史研究》，刀江书院，1941 年

五味文彦，《院政期社会的研究》，山川出版社，1984 年

佐藤进一，《日本中世纪史论集》，岩波书店，1990 年

水藤真，《历史博物馆甲本洛中洛外图屏风》，历博小册子，1999 年

濑田胜哉，《洛中洛外的群像》，平凡社，1994 年

高桥昌盛，《平清盛福原之梦》，讲谈社，2007 年

高桥康夫，《京都中世纪都市史研究》，思文阁出版，1983 年

高桥康夫，《洛中洛外——环境文化的中世纪史》，平凡社，1988 年

难波田彻，《中世纪考古美术与社会》，思文阁出版，1991 年

早岛大佑，《首都的经济与室町幕府》，吉川弘文馆，2006 年

林屋辰三郎，《中世纪艺能史的研究——古代的继承与创造》，岩波书店，1960 年

原田伴彦，《原田伴彦著作集》，全八卷思文阁出版，1981—1982 年

参考文献

279

原田正俊，《日本中世纪禅宗与社会》，吉川弘文馆，1998 年

宗政五十绪，《近世京都出版文化的研究》，同朋社出版，1982 年

村井康彦，《古代国家解体过程的研究》，关书院，1965 年

村山修一，《日本都市生活的源流》，关书院，1955 年

百濑今朝雄，《弘安书札礼的研究》，东京大学出版会，2000 年

安冈重明，《京都企业家的传统与革新》，同文馆出版，1998 年

安田政彦，《平安京的风韵》，吉川弘文馆，2007 年

横井清，《中世纪民众的生活文化》，东京大学出版会，1975 年

胁田修，《近世封建制成立史论》，东京大学出版会，1977 年

胁田修，《元禄社会》，塙书房，1980 年

胁田修，《京都部落的历史近畿篇》，部落问题研究所，1982 年

胁田修，《河原卷物的世界》，东京大学出版会，1991 年

胁田修，《日本近世都市史研究》，东京大学出版会，1994 年

胁田晴子，《日本中世商业发达史研究》，御茶水书房，1969 年

胁田晴子，《日本中世纪都市论》，东京大学出版会，1981 年

胁田晴子，《室町时代》，中公新书，1985 年

胁田晴子，《日本中世纪女性史研究》，东京大学出版会，1992 年

胁田晴子，《日本中世纪被差别民研究》，岩波书店，2002 年